SECONDE VOIE FERRÉE

du

HAVRE à PARIS

PROJET DE LIGNE NOUVELLE

SANS TUNNELS

et

PASSANT PAR ROUEN

avec

GARE CENTRALE A ROUEN

Par X. X.

Industriel Rouennais.

Septembre 1910. — Mars 1911.

SECONDE VOIE FERRÉE

du

HAVRE à PARIS

PROJET DE LIGNE NOUVELLE

SANS TUNNELS

et

PASSANT PAR ROUEN

avec

GARE CENTRALE A ROUEN

Par X. X.

Industriel Rouennais

Septembre 1910. — Mars 1911.

A Monsieur le Ministre des Travaux publics,

Si nous avons fait cette étude et publions ces lignes c'est dans le désir de contribuer, dans la mesure de nos faibles moyens, à la solution d'une question qui s'impose — celle de l'amélioration des communications par voie ferrée entre **PARIS, ROUEN** *et* **LE HAVRE** *—* mais en maintenant entre les deux grandes villes et grands ports de la Seine-Inférieure l'harmonie, si désirable dans l'intérêt de tous. *Tout projet qui aurait pour conséquence de faire passer* **ailleurs que** par Rouen *la nouvelle voie ferrée si nécessaire* **AUX DEUX PORTS,** *compromettrait gravement cette harmonie.*

Nous n'oublions pas que le Ministre des Travaux publics, grand Chef du Réseau de l'État, est le dispensateur des travaux sur ce Réseau, et le défenseur de tout projet devant les Chambres. C'est pourquoi nous lui dédions respectueusement cette étude, avec l'espoir qu'il voudra bien la faire examiner attentivement par ceux que la question concerne.

X. X.

Industriel Rouennais.

INTRODUCTION

Au moment où la ligne dite du Sud-Ouest, partant du Havre, votée en 1883, paraît enfin sur le point d'être exécutée, et que, de ce fait, on parle de communications *directes* du Havre à Paris, il nous a paru intéressant d'examiner s'il ne serait pas possible de créer une nouvelle voie ferrée de Paris au Havre, *distincte de l'ancienne*, et passant *par Rouen*, de façon à maintenir l'union entre ces deux grandes villes d'un même département, qui, *ensemble*, forment le grand port d'importation et d'entrepôt de Paris, du Centre de la France.

Chacun sait — car c'est chose maintenant admise par tout le monde — que la ligne actuelle du Havre et de Rouen à Paris, déjà insuffisante pour le trafic actuel, **ne sera jamais à la hauteur des besoins futurs**, puisqu'il est pour ainsi dire impossible de l'améliorer en raison des nombreux tunnels, qu'elle traverse et que l'on ne peut élargir; des ponts et des viaducs plus ou moins solides sur lesquels elle passe, auxquels on ne pourrait toucher sans danger et sans entraver ce trafic, en tous cas sans d'énormes dépenses.

Le mieux semble donc de laisser cette ligne ancienne, et tout ce qui en dépend, *pour ce qu'elle vaut*, de l'entretenir aussi bien que possible de façon à lui permettre de donner son maximum de rendement, et d'en faire une voie secondaire par la création d'une autre ligne *entièrement nouvelle* suivant un tracé différent de l'ancien, qui serait construite avec tous les progrès modernes et en prévision de son développement facile dans l'avenir; c'est ce que nous avons cherché.

D'un autre côté, l'entente qui, pour leur bien commun, existe actuellement entre Rouen et Le Havre — après une lutte qui n'est pas encore oubliée et dont il faut éviter le retour — a été trop difficile à réaliser pour que tout ne soit pas fait en vue de la maintenir.

Nous sommes convaincu que telle est l'opinion de tous nos Concitoyens de Rouen et du Havre, que tel est également l'avis des Elus de la Seine-Inférieure ainsi que des départements voisins, et que ceux de qui la chose dépend voudront bien la partager s'ils pensent, comme nous le croyons, que le mieux qu'ils aient à faire est de réaliser les *desiderata* des principaux intéressés.

X. X.

LIGNE DU SUD-OUEST

Etat de la question. — Depuis qu'un Comité, composé de Membres de la Municipalité, de la Chambre de Commerce et des Syndicats commerciaux de la ville, s'est formé au Havre, dans le but de faire aboutir le projet voté en 1883 ; depuis la visite que M. Millerand, Ministre des Travaux publics, fit à Rouen et au Havre les 9 et 10 septembre 1909 ; depuis surtout la récente crise des transports sur le Réseau Ouest-Etat, — crise qui est loin d'être terminée et qui, si on n'y porte immédiatement remède, se renouvellera dans l'avenir, chaque année, avec plus d'acuité. — il est souvent question de la ligne dite du Sud-Ouest, qui avait autrefois pour objet de créer des relations entre notre grand port de la Manche et les départements du Sud-Ouest, et qui, maintenant, est le point de départ d'un projet de seconde voie ferrée mettant Le Havre en communication directe avec Paris.

La cause apparente de la non-exécution de la ligne du Sud-Ouest a été jusqu'ici la difficulté de la traversée de la Seine, difficulté augmentée par l'opposition justifiée de la Chambre de Commerce de Rouen à tout projet qui aurait eu, ou pourrait avoir, pour conséquence d'entraver, ou seulement de faire courir un risque quelconque à la libre navigabilité en Seine, *condition vitale* pour le port de Rouen.

La vérité, toutefois, paraît être que l'exécution de la ligne n'a été différée qu'en raison de l'importance de la dépense que l'ancienne Compagnie de l'Ouest, mal en fonds et sur ses fins, a continuellement cherché à éviter, car Rouen et Le Havre se seraient, sans aucun doute, mis d'accord — ainsi que leurs Elus en ont récemment donné la preuve — sur le moyen à employer pour le passage du fleuve.

Il y a donc lieu d'espérer que la situation va changer et le projet aboutir, maintenant que le Réseau Ouest est aux mains de l'Etat, lequel doit aux villes et aux régions dont il a entrepris les transports par voie ferrée, de faciliter les moyens de communications entre elles, soit en les améliorant, soit en en créant de nouveaux, de façon à les mettre, non seulement au niveau des besoins du jour mais *des prévisions de l'avenir*. Cet espoir est d'autant plus fondé que la démonstration est faite de l'insuffisance de la ligne unique aboutissant au Havre.

Tout le monde est donc d'accord — à Rouen comme au Havre et à Paris — pour reconnaître que la construction *aussi rapide que possible* d'une seconde ligne est indispensable, non seulement comme moyen de communication entre Le Havre et ses voisins d'outre-Seine, mais encore pour que ce grand port ne soit pas exposé à se trouver sans communication avec le reste de la France. L'accident survenu au tunnel de Pissy-Pôville et le récent encombrement du port du Havre sont arrivés à point pour démontrer que cela n'est pas une vaine supposition.

On s'en est, du reste, préoccupé en haut lieu, et la construction de la ligne ne serait plus qu'une question d'entente quant au tracé à adopter, s'il faut croire aux promesses que M. Millerand fit au Havre, le 10 septembre 1909, promesses plusieurs fois réitérées par ses successeurs, notamment en décembre 1910, dans le débat retentissant qui eut lieu au Sénat sur la mauvaise exploitation du Réseau Ouest-Etat, antérieurement à la Direction actuelle composée d'hommes qui, par leur passé et leur compétence, ont gagné la confiance du Public, et, plus récemment encore à la Chambre, à l'occasion du budget des Travaux publics.

Le Ministre des Travaux publics n'a certainement pas oublié que le tracé de la ligne du Sud-Ouest a été fixé par la loi de 1883, à telle enseigne qu'il est figuré sur les plans officiels du Réseau Ouest, affichés dans ses wagons de voyageurs. Mais la situation s'étant modifiée depuis 1883, une nouvelle étude est devenue nécessaire. Il ne s'agit plus, en effet, seulement de mettre Le Havre en communication avec la région Sud-Ouest de la Seine, mais de lui créer un nouveau moyen de communication avec Paris et la France.

Nous devons ajouter que Rouen a non moins besoin que Le Havre d'une grande amélioration dans ses moyens de transport par voies ferrées si l'on veut que ne soit pas entravé le magnifique développement de son port (*).

Projets divers. — L'importance de la question a amené quelques-uns de nos Concitoyens du département à émettre, dans la presse régionale, leurs idées et leurs *desiderata*.

L'un de ces correspondants, habitant Caudebec-en-Caux, demande purement et simplement que soit exécutée, sans plus de retards, la ligne telle qu'elle a été votée en 1883, afin qu'ainsi la charmante ville qu'il habite soit mise en communication avec Le Havre et la Basse-Normandie ; c'est tout ce qu'il désire.

Tracé
par Duclair
et
Saint-Martin
de
Boscherville.

Un autre — évidemment un Filateur des environs de Rouen — justement préoccupé du moyen de faire venir ses cotons du Havre par une voie moins aléatoire, plus directe et plus économique que la ligne actuelle, suggère de prolonger la ligne projetée du Havre à Port-Jérôme, Caudebec et Duclair jusqu'à Rouen, en passant par Saint-Martin-de-Boscherville.

(*) Tonnage du Port de Rouen :
en 1895 . . . 1,677,000 tonnes.
en 1905 . . . 2,789,000 —
en 1910 environ 4,200,000 —

Ce prolongement est facile à tracer sur le papier, mais nous ne voyons pas comment il pourrait être exécuté.

Serait-ce par un tunnel qui, passant sous la forêt de Roumare et les coteaux de Canteleu, partirait de Saint-Martin pour aboutir à Rouen aux prairies Saint-Gervais ?

Cette solution — en supposant que la question « dépense » ne la fasse pas écarter « de plano », car elle serait grande, puisque le tunnel n'aurait pas moins de 6 kilomètres de long — aurait de grandes chances de n'être pas acceptée, étant donné que, de plus en plus et avec juste raison, on tient à éviter les passages souterrains.

Si, dans l'esprit du Filateur, la ligne par lui suggérée doit suivre jusqu'à Rouen les bords de la Seine, en passant par Quevillon, Saint-Pierre-de-Manneville, Sahurs, Hautot et Val-de-la-Haye — trajet long de 24 kilomètres au lieu de 6 — nous ne voyons pas comment, à moins d'une emprise sur la Seine, elle pourrait passer à Dieppedalle et Croisset, où les falaises sont très rapprochées du fleuve.

Enfin, l'honorable correspondant du *Journal de Rouen* n'explique pas (pour cause sans doute) comment la nouvelle ligne par lui préconisée serait reliée, à son arrivée à Rouen, à l'ancienne pour être poursuivie vers Paris.

Tracé par Motteville et Clères.

Un troisième correspondant propose, pour donner au Havre la sécurité de communication par voies ferrées qui lui manque, une solution facile et rapide, mais qui n'éviterait pas les dangers, toujours menaçants, des viaducs de Mirville et de Malaunay, ainsi que des tunnels du Mont-Riboudet, de Saint-Maur, de Beauvoisine, de Saint-Hilaire et autres.

De plus, cette solution, qui consisterait à emprunter de Motteville à Clères, en la doublant, la voie qui unit ces deux points, n'offrirait au Havre aucun avantage pour ses relations avec la rive sud de la Seine, ce dont il a pourtant grand besoin.

Pas
de Tunnel
possible.

Un quatrième informateur, qui signe un Lillebonnais, et qui paraît bien « connaître son terrain » — c'est le cas de le dire — démontre par A + B que la construction d'un tunnel sous-fluvial (lequel pourtant selon lui, et bien d'autres encore, serait la solution la meilleure pour assurer la traversée de la Seine sans dangers pour la navigation du fleuve), est impossible tant seraient grands les aléas, les difficultés d'exécution et la dépense d'une pareille construction.

Et « le Lillebonnais » de conclure que le seul projet pratiquement et promptement réalisable — ayant, par conséquent, le plus de chances d'aboutir — est celui du pont-transbordeur système Arnodin.

Tracé
par Yvetot
et
Caudebec.

D'autres — et l'idée a été défendue au Conseil Général de la Seine-Inférieure par l'honorable M. Chivé — voudraient que la ligne du Sud-Ouest partît d'Yvetot pour traverser la Seine à Caudebec et desservir — en partie — le Roumois.

Tracé
par Le Trait
et
Le Landin.

Il y a eu également un projet gouvernemental, éclos lors de la visite que M. Millerand, Ministre des Travaux publics, fit à Rouen et au Havre en septembre 1909.

D'après ce projet, la traversée de la Seine aurait lieu entre Duclair et Caudebec-en-Caux, en des points situés près du Trait sur la rive droite, et du Landin sur la rive gauche.

Elle se ferait à l'aide d'un viaduc, élevé d'au moins 55 mètres au-dessus du niveau des plus hautes marées. Ce viaduc s'appuierait, rive gauche, sur les coteaux si pittoresques de Bosc-Lambert et se prolongerait sur la rive droite sur une longueur d'environ 5 kilomètres de façon à atteindre la butte du Trait où le raccordement se ferait alors avec la ligne de Caudebec à Duclair par un embranchement vers Yvetot.

La dépense pour un pareil viaduc serait, dit-on, de 70 millions ; mais il faut compter sur *un imprévu toujours certain,* d'autant que Rouen demanderait très probablement une augmentation de hauteur d'au moins 5 mètres au-dessus du plan d'eau maximum de la Seine, afin de permettre aux navires les plus haut mâtés (tels les "clippers" américains qui sont le moyen de transport maritime interocéanique le plus avantageux) le passage sous le viaduc projeté.

Le supplément de dépense serait donc énorme, puisque chaque mètre de surélévation sur la hauteur prévue occasionnerait, paraît-il, une augmentation de près d'un million de francs.

Du Landin, le nouveau tracé se raccorderait à La Londe, à la ligne de Serquigny à Rouen pour, supposons-nous, aller rejoindre la ligne actuelle du Havre à Paris, soit à Oissel, soit plus probablement à Saint-Pierre-du-Vauvray par Elbeuf et Louviers, ce qui permettrait d'éviter un refoulement à Oissel et le tunnel de Tourville-sur-Seine, mais non ceux d'Orival, des Rouvalets, etc.

Ce tracé (qui paraît maintenant abandonné pour être remplacé par un autre étudié par les Services du Réseau Ouest-Etat) — en outre du danger pour la navigation de la Seine que créerait un viaduc, surtout dans le cours de sa construction — serait très préjudiciable à Rouen, en ce qu'une ligne directe du Havre à Paris, qui ne passerait plus par le chef-lieu du département, aurait inévitablement pour conséquence de renvoyer « aux calendes grecques » toute amélioration dans les transports entre Rouen-Paris et Rouen-Le Havre, si encore il n'en résultait pas pour Rouen la suppression d'un certain nombre de trains rapides et autres vers la capitale, puisque l'appoint considérable que Le Havre, Fécamp, Etretat, Bolbec, Lillebonne et Yvetot donnent à ces trains serait détourné par Le Trait et La Londe.

Le projet ministériel présenterait pour les Havrais eux-mêmes d'autres et très graves inconvénients que ne compenserait pas l'avantage (illusoire puisqu'ils pourraient l'avoir également par Rouen) d'être en communication directe avec Paris.

Il ne leur assurerait pas les relations faciles et aussi raccourcies que possible avec la Basse-Normandie et la Bretagne, ces greniers d'abondance (en bétail, céréales, légumes, fruits) vers lesquels ceux qui ont la charge d'assurer l'approvisionnement d'une ville sans cesse grandissante ont depuis longtemps jeté les yeux.

Il ne les libérerait pas du danger permanent d'être isolés du reste de la France si le vieux viaduc de Mirville venait à s'écrouler.

Il n'éviterait pas la montée sur le plateau du Pays de Caux, puisque le projet ministériel ferait passer la voie nouvelle par Beuzeville-Bréauté et Yvetot.

Enfin, il ne faudrait plus compter sur la mise en valeur — chose si utile à toute ville dont les industries se développent et dont la population augmente — des vastes terrains conquis sur la Seine et si avantageusement placés près d'un fleuve, d'un canal et d'une voie ferrée.

En même temps serait perdue l'occasion de procurer au canal de Tancarville, par les industries et les entrepôts qui se créeraient sur ses bords, le trafic nécessaire pour que cette folle dépense arrive à donner des résultats en rapport avec ce qu'elle a coûté et avec son entretien annuel.

Le Havre et ses faubourgs ne seraient pas seuls lésés par l'adoption du tracé ministériel : Harfleur, les Communes que traverse le canal, Tancarville, Port-Jérôme, Lillebonne, Bolbec, Notre-Dame-de-Gravenchon, Petitville, Saint-Maurice-d'Etelan (dont les magnifiques prairies, si propices à l'élevage, suffiraient à elles seules pour approvisionner Le Havre), Villequier, Caudebec et tous les environs en pâtiraient également.

Sur la rive gauche, Quillebeuf resterait longtemps encore privé de tout moyen de communication par voies ferrées.

Il n'est pas jusqu'au Roumois, ce pays si riche, jusqu'ici si mal desservi, qui n'aurait à en souffrir, puisque le tracé par Duclair ne le traverserait *qu'en partie.*

Tracé
par
Bourgtheroulde
et
Pont-de-l'Arche

Il y a aussi — préparé sans que les intéressés aient été consultés et sans que leurs Elus aient même eu connaissance des plans (ce qui est vraiment une étrange manière de travailler contre laquelle M. Aug. Leblond, député et maire de Rouen, a protesté avec juste raison) — un nouveau projet administratif.

D'après ce qu'on en sait, ce projet ferait passer la voie nouvelle le long du canal de Tancarville (comme prévu par la loi de 1883) ; de Radicatel, elle se dirigerait vers Lillebonne, gravirait les pentes du Mesnil et de Notre-Dame-de-Gravenchon pour arriver à Saint-Maurice-d'Etelan et, de là, s'élancerait vers Aizier en traversant, sur un viaduc long d'au moins 4 kilomètres de long et haut de 70 mètres. les prairies des Marais et du Carouge, puis la Seine maritime.

Nous nous demandons pourquoi les pentes d'Aizier ont été choisies comme aboutissant du viaduc sur la rive gauche (ce qui, évidemment, obligerait à le prolonger davantage), alors qu'il y a, plus près de Quillebeuf — notamment à la Corvette (où une gare desservant ce lieu de mouillage, en même temps que Quillebeuf, pourrait être établie) — des collines abruptes et de hauteur voulue, sur lesquelles l'extrémité sud du viaduc pourrait être appuyée.

D'Aizier, la voie projetée se dirigerait sur la gare de Bourgtheroulde-Thuit-Hébert, sans que nous sachions quels seraient les pays desservis. Il y a lieu de supposer, toutefois, que Routot aurait cet avantage.

A Thuit-Hébert, la ligne nouvelle se raccorderait à celle de Serquigny à Rouen, qu'elle suivrait jusqu'à Saint-Aubin-jouxte-Boulleng, en passant sous les tunnels de Beauval

100 mètres), d'Orival (402 mètres) et le pont du même nom (277 mètres), pour, de là, rejoindre à Freneuse, par un tronçon de voie à créer, la ligne actuelle, qu'elle suivrait jusqu'à Paris par Pont-de-l'Arche, Pont-Saint-Pierre, Vernon et Mantes.

Est-il besoin de faire remarquer que l'adoption de ce tracé rendrait presque impossible, ou tout au moins *excessivement dispendieux*, le doublement, devenu indispensable, de la ligne jusqu'à Paris, par suite des nombreux ponts et tunnels à traverser qui sont actuellement à deux voies, sans qu'aucun n'ait été prévu pour quatre. (Voir la liste de ces ponts et tunnels, tableaux n°s 2 et 3, pages 54 et 55.)

De plus, ce tracé ne donnerait qu'un très petit avantage sur l'ancien, puisqu'il continuerait à être soumis aux aléas d'accidents pouvant survenir à ces ponts et tunnels, en outre de ceux résultant d'inondations — auxquelles il faut dorénavant nous attendre — dans les passages où la ligne actuelle suit les berges de la Seine à un niveau peu différent de celui du fleuve.

Ce sont là de *très graves inconvénients* qui nous paraissent d'autant plus de nature à faire repousser par les intéressés et par l'État lui-même le tracé proposé, qu'il entraînerait à de grandes dépenses et à de non moins grands aléas.

Est-ce à nous de faire remarquer que le tracé proposé contribuerait à rendre plus difficile encore la réalisation du fameux projet de Paris-Port-de-Mer, que d'importantes personnalités paraissent s'être donné à tâche de faire aboutir malgré son utopie ?

En outre des inconvénients que nous venons de signaler aux tracés proposés — et c'était également le cas pour celui de 1883, mais il ne s'agissait alors que de relations à établir entre Le Havre et le Sud-Ouest — ces tracés présentent le très grave inconvénient de laisser de côté la Ville de Rouen ainsi que les faubourgs importants qui l'entourent. Cet

2

inconvénient est très grave, non seulement au point de vue rouennais, mais dans l'intérêt du pays tout entier; nous supposons n'avoir pas besoin de le démontrer.

Ce sont ces raisons, en même temps que le désir de voir maintenus les bons rapports actuellement existants entre Rouen et Le Havre, qui nous ont amené à chercher un autre tracé pouvant donner satisfaction aux deux villes.

Il dépend de ceux qui ont la charge des intérêts de ces villes de s'entendre pour défendre le tracé que nous suggérons, si, comme nous l'espérons, ils le jugent avantageux pour chacune, et préférable à ceux proposés.

Depuis que la question a été portée devant les Chambres, à propos de la discussion du budget des Travaux publics, divers autres tracés, ou mieux parties de tracés (car il ne s'agit que de variantes dans celui de la ligne du Havre à Paris à partir de certains points), ont été mis en avant.

Cela n'a rien que de très naturel, tous les intéressés ayant le droit de dire leur mot et de chercher à profiter des avantages de la nouvelle voie ferrée.

C'est maintenant aux Pouvoirs publics de provoquer un débat sur cette importante question et d'agir comme le décideront les Chambres.

Tracé par Les Andelys et Meulan.

Une des variantes proposées consisterait à prolonger la ligne existante de Saint-Pierre-du-Vauvray aux Andelys jusqu'à Meulan-Hardricourt en passant par le plateau du Vexin.

Nous ferons remarquer que ce tracé, non seulement n'éviterait pas le passage de la Seine sur le pont du Manoir, mais encore obligerait à doubler — car nous ne supposons pas qu'on puisse facilement l'élargir — le viaduc qui, en amont de Saint-Pierre-du-Vauvray, traverse en biais la Seine sur une longueur de 382 mètres.

De plus, il reste à savoir si la voie pourrait être doublée et le tunnel élargi dans la partie comprise entre la gare de Saint-Pierre-du-Vauvray et l'extrémité Ouest du dit pont ; si la courbe qui le précède permettrait le passage de trains rapides avec les longs wagons sur « boggies », ou si elle pourrait être allongée.

La voie pourrait-elle être également élargie à son arrivée et dans son passage à travers Les Andelys, et quelle serait la dépense pour de pareils travaux ?

Nous supposons que, partant des Andelys pour aller rejoindre à Meulan-Hardricourt la ligne actuelle de Paris par Conflans-Sainte-Honorine et Argenteuil, le tronçon projeté passerait par Guiseniers, Tourny, Ecos, Bray, Chaussy, Aincourt, Lainville et Gaillonet.

Ce serait la ligne la plus directe des Andelys à Meulan, mais, après avoir gravi le plateau de Tourny, il faudrait qu'elle redescende dans la vallée de l'Epte (à moins de la lui faire traverser sur un long viaduc) pour ensuite remonter sur le plateau d'Aincourt, lequel est sillonné par de nombreux et profonds vallonnements, qui rendraient nécessaires de non moins nombreux remblais et tranchées.

Ce serait donc une *ligne coûteuse*, alors qu'il n'en serait pas de même pour la traversée du Vexin, par le simple doublement de la voie existante de Charleval à Gisors et de Gisors à Pontoise. Le doublement dans cette dernière partie est déjà en cours d'exécution.

La distance des Andelys à Meulan, par le tracé ci-dessus indiqué, est de 48 kilomètres. Ce serait donc 48 kilomètres de voie dispendieuse à construire en entier, à double voie, alors que le tronçon de Rouen à Charleval par le plateau de Boos (de façon à établir une ligne continue de Rouen à Paris par Gisors et Pontoise) ne serait *que de* 21 *kilomètres*.

La comparaison de ces distances indique suffisamment la différence importante qu'il y aurait dans la dépense, en outre des inconvénients que nous paraît présenter le tracé demandé par les Andelys et Meulan-Hardricourt et que nous avons signalés.

Signalons également que, par ce tracé, il faudrait passer sous le tunnel de Meulan (qui n'a guère moins d'un demi-kilomètre) et traverser l'Oise sur le viaduc de Maurecourt, d'où impossibilité ou grande dépense pour le doublement des voies lorsque la nécessité s'en ferait sentir.

Enfin, et surtout, ce tracé ne ferait pas disparaître les défauts de la ligne actuelle, et n'apporterait pas à Rouen, pour ses transports par voie ferrée, les améliorations dont notre port a autant besoin que le Havre.

On comprend aisément que les Andelisiens et les habitants du Vexin limitrophe désirent le prolongement de la ligne de Saint-Pierre-du-Vauvray aux Andelys ; mais pourquoi alors ne pas la poursuivre *vers Gisors*, où elle se raccorderait à la voie nouvelle du Havre à Paris par Rouen, Gisors et Pontoise ?

Ce prolongement pourrait, à sa sortie des Andelys, suivre la vallée d'Harquency, monter sur le plateau du Vexin, couper la route nationale du Havre à Paris, à l'ancien moulin des Monflaines (cote 138), et, de là, redescendre en pentes douces vers Gisors, en passant par Sainte-Marie-de-Vatimesnil, Gamaches, Chauvincourt, Bernouville et Bézu-Saint-Eloi, comme indiqué en pointillé sur la carte (page 56).

De cette façon, le Vexin serait traversé du Sud-Ouest au Nord-Est ; un certain nombre de ses localités, jusqu'ici éloignées de toutes voies ferrées, seraient desservies par le prolongement indiqué, et il ne resterait plus qu'à raccorder, dans l'avenir, la ligne de Chars à Magny-en-Vexin à celle des Andelys à Gisors pour que ce riche pays soit sillonné dans *tous les sens* par des voies ferrées.

Passage
par
Elbeuf.

Si la ligne nouvelle du Havre à Paris passait par Elbeuf — comme les Elbeuviens le demandent — il y aurait là encore les inconvénients du passage des tunnels d'Orival et des Rouvalets, du viaduc et des nombreuses courbes entre Elbeuf et Saint-Pierre-du-Vauvray, en outre que, dans plusieurs endroits que traverse la ligne, il serait impossible d'augmenter le nombre des voies.

Traversée de la Seine maritime. — La question la plus importante dans tous les tracés qui ont été étudiés et qui jusqu'ici a contribué, pour la plus grande part, à retarder l'exécution de la voie ferrée votée en 1883, est celle de la traversée de la Seine; nous nous en occuperons donc tout d'abord.

Diverses solutions — on peut même dire toutes les solutions — ont été étudiées, à savoir : Bac porte-train, tunnel, viaduc et transbordeur Arnodin.

Un **tunnel** n'est guère réalisable pour les raisons indiquées dans la lettre d'un Lillebonnais. (Voir annexe n° 8 page 90.)

Ce mode de traversée du fleuve paraît, du reste, abandonné, en raison de la difficulté du travail, des aléas et du coût très élevé de l'entreprise (85 millions au minimum).

Un **viaduc** coûterait également très cher, quel que soit le mode de construction adopté, en raison de sa longueur (environ 4 kilomètres) et de la hauteur qu'il faudrait lui donner (65 mètres au minimum) au-dessus du niveau des plus fortes marées de Seine afin de permettre le passage, en ces marées, sous le tablier qui traverserait le fleuve, des voiliers à hautes mâtures.

L'adoption d'un viaduc, qui seul permettrait une exploitation régulière et, au besoin, intensive de la nouvelle ligne, paraît néanmoins décidée.

Les Rouennais n'y feront pas d'opposition à condition que, comme l'a déclaré M. Auguste Leblond, Député-Maire de

Rouen, dans la séance de la Chambre des Députés du 10 février 1911, aucune pile, aucune construction, de quelque importance ou nature que ce soit, ne vienne entraver ou modifier, d'une manière quelconque, le libre cours de la Seine ; qu'en conséquence, les piles qui supporteront le tablier n'excèdent en aucune façon les berges, et ce, aussi bien sur la rive droite que sur la rive gauche. Il n'en résultera pas moins, pour la libre navigabilité du fleuve, un aléa certain — surtout dans le cours des travaux — mais les Rouennais l'accepteront dans le désir que satisfaction soit donnée au Havre..... **et à Rouen**, en vue d'assurer leurs communications avec Paris et les au-delà par une seconde voie ferrée, distincte de la ligne actuelle.

La dépense pour la construction du viaduc qui relierait les coteaux de Saint-Maurice-d'Etelan à ceux d'Aizier est, paraît-il, évaluée à 75 millions ; elle serait, croyons-nous, beaucoup moindre, si, au lieu d'aller faire un grand circuit par Lillebonne et Notre-Dame-de-Gravenchon, la voie commençait à monter par un remblai à partir de Port-Jérôme, au milieu des prairies, et si le viaduc aboutissait, sur la rive gauche, aux falaises de Saint-Léonard, en passant au-dessus du lieu de mouillage dit « de la Corvette ».

Quel que soit le tracé qui sera choisi pour le viaduc, il en résulterait une très grande dépense ; 70 à 80 millions sont annoncés, mais avec les imprévus inévitables, elle atteindrait très probablement davantage.

Nous savons que l'on a coutume de dire que « la France est riche », mais les Chambres, qui paraissent vouloir entrer dans la voie des économies, donneront-elles leur approbation à une dépense aussi importante pour un seul objet, alors que tant d'autres millions seront nécessaires pour améliorer le Réseau Ouest-Etat, sans le mettre encore à la hauteur des progrès modernes et des besoins actuels ?

Au **bac porte-train** il ne faut pas songer, en raison du changement continuel du niveau de la Seine et, surtout, de la façon brutale et irrésistible avec laquelle, deux fois par vingt-quatre heures, la marée se fait sentir.

Un bac porte-train serait peut-être possible dans la baie, en face Berville — encore qu'il ne pourrait probablement pas fonctionner dans les mauvais temps d'automne et d'hiver ; — mais ceux qui connaissent le régime du fleuve ou qui l'ont parcouru de Rouen au Havre et « vice versa », ainsi que nous l'avons fait maintes fois, savent qu'il ne faut pas espérer établir, dans la partie du fleuve comprise entre Tancarville et .Caudebec, un bac porte-train qui puisse fonctionner d'une manière régulière et satisfaisante.

Reste le **transbordeur Arnodin.**

Sans vouloir prendre parti, il nous semble qu'il y a dans le transbordeur un moyen *rapide et économique* de solutionner la question, et c'est ce que les Havrais paraissent, avec juste raison, désirer avant tout.

Pourquoi alors ont-ils abandonné cette solution, étant donné que la Commission d'Ingénieurs nommée par l'ancienne Compagnie de l'Ouest l'avait reconnue possible?

Elle serait *rapide* parce que l'entreprise étant confiée à une industrie privée — qui a déjà montré ce qu'elle peut faire, et qui aurait tout intérêt à ce que les choses aillent vite — on peut être certain que le travail serait exécuté avec célérité. Nous croyons savoir qu'il pourrait être terminé en trois ans, peut-être même en moins de temps.

Elle serait *économique* parce que M. Arnodin, l'inventeur et constructeur de ces transbordeurs, offre d'effectuer le travail *à forfait* pour une somme de 12 millions, alors que viaduc ou tunnel coûteraient six ou sept fois plus cher.

Enfin, cette solution serait *avantageuse pour la région* en ce qu'un pont-transbordeur d'une pareille portée (environ 500 mètres) au-dessus d'un fleuve navigable tel que la Seine et servant à transporter des trains complets (véritable monument élevé par le Génie français), serait pour les ingénieurs, industriels, commerçants, voyageurs de tous pays, un attrait au moins aussi grand que le fameux pont du Firth of Forth, qui a tant contribué à la fortune des villes d'Edimbourg, de Glasgow et des pays environnants.

Nous n'avons, certes, pas la prétention de donner des conseils à nos voisins du Havre, mais il nous semble que du moment qu'ils désirent *avant tout* (et cela se comprend) la prompte construction d'une deuxième voie ferrée qui leur enlève tout risque d'embouteillage et leur permette d'évacuer par cette seconde ligne le trop-plein que la voie actuelle est incapable d'enlever — en même temps que de recevoir des départements au Sud de la Seine les approvisionnements dont ils ont besoin — ils obtiendraient une solution beaucoup plus rapide, étant donné que la question dépense qu'occasionnera un viaduc sera la pierre d'achoppement du projet, par l'adoption d'un pont-transbordeur Arnodin, *sauf à réserver pour plus tard* la construction d'un viaduc, lorsque la nouvelle voie aura fait ses preuves et que le Réseau d'Etat serait mieux en fonds.

Un transbordeur à Quillebeuf *serait toujours utile*, soit pour assurer le passage d'une voie ferrée vers Berville, en contournant le Marais-Vernier, avec embranchements vers Honfleur et vers Pont-Audemer (ce qui donnerait au Havre le moyen de communication qu'il désire avec les départements de Basse-Normandie, en vue d'assurer ses approvisionnements), soit pour le service des piétons, voitures et automobiles, qui ne seraient plus alors à la merci d'un bac dont les heures de passage dépendent des heures et de la force des marées.

La dépense de douze millions pour construire un pont-transbordeur à Quillebeuf serait *d'un bon rapport* si l'on tient compte des nombreux avantages qui en résulteraient pour cette ville, jusqu'ici si déshéritée au point de vue des moyens de communication, ainsi que pour les pays voisins à vingt lieues à la ronde.

Quelle que soit la solution qui sera adoptée pour la traversée du fleuve, nous avons supposé, pour l'étude à laquelle nous nous sommes livré, qu'elle aurait lieu *à Quillebeuf*, ainsi que prévu par la loi de 1883, et comme le demandent les intéressés, représentés par la Commission interdépartementale de la Seine-Inférieure, de l'Eure et du Calvados. (Voir annexes nᵒˢ 1, 2, 3 et 4, pages 75 à 82.)

Notre tracé. — Notre but, en étudiant la question, a été de rechercher comment, — en utilisant la partie de la ligne du Sud-Ouest prévue entre Le Havre et Quillebeuf et d'autres lignes existantes du Réseau Ouest, — on pourrait, en les raccordant entre elles, créer une *ligne nouvelle* sur Paris, *absolument distincte de la ligne actuelle*, de façon à donner satisfaction au Havre, sans négliger Rouen.

Nous avons essayé aussi — et notre étude montre que c'est possible — de raccourcir les distances entre Le Havre, Rouen et Paris, et à *éviter les tunnels, ponts et viaducs* (*) qui rendent si précaire la ligne actuelle et empêchent qu'elle puisse être développée, ainsi qu'il serait urgent de le faire pour répondre aux besoins du trafic entre ces trois villes.

Etant donné que « *la ligne droite est le plus court chemin d'un point à un autre* », notre premier soin a été de tracer, sur la carte (carte d'Etat-major qui nous a paru

---

(*) Chacun sait que la ligne actuelle de Paris au Havre traverse 15 tunnels, 9 ponts et 3 viaducs qui, depuis longtemps construits, sont maintenant d'une solidité douteuse. (Voir tableaux nᵒˢ 2 et 3 pages 54-55.)

être la plus appropriée à une pareille étude), deux rectilignes figurées en bleu (voir la carte, p. 56), l'une du Havre
à Rouen, l'autre de Rouen à Paris, et nous avons rapproché
notre tracé de ces rectilignes, en utilisant, chaque fois que
cela a été possible, des voies ferrées existantes.

C'est ainsi que nous sommes arrivé au tracé suivant :

Du Havre à Rouen. — Le point de départ de notre tracé est
naturellement Le Havre, et nous supposons que la gare
terminus actuelle, qui est de construction relativement
récente, serait maintenue.

Du Havre jusqu'à Quillebeuf, nous avons adopté le tracé
prévu depuis 1883, c'est-à-dire le long du canal de Tancarville, dans les terrains et prairies situés entre celui-ci et
les falaises d'Orcher, du Vachat, du Hode, de Saint-Jean-
d'Abbetot, etc. Du Havre à Tancarville, le tracé de la voie
nouvelle ne paraît pas devoir causer de discussion telle-
ment il est indiqué.

Pour le passage à la pointe de Tancarville, nous n'hési-
terions pas à diminuer ce promontoire de toute la profondeur
voulue pour éviter un tunnel, d'autant que les terres et
les blocs provenant de cette pointe pourraient être *avantageusement* utilisés, soit pour la prolongation des digues
de la Seine, soit pour l'établissement de la plate-forme de la
voie nouvelle dans les prairies de Radicatel, Port-Jérôme
et Notre-Dame-de-Gravenchon, ainsi que pour le tronçon de
voie à établir entre Port-Jérôme et Lillebonne.

De Tancarville, la ligne courrait dans les pâturages de
Radicatel jusqu'à Port-Jérôme, dans une courbe parallèle à
celle que décrit la Seine, et ce jusqu'au point voulu pour
arriver à se présenter à l'endroit d'où partirait la voie aboutissant soit au transbordeur, soit au viaduc.

A ce même endroit aboutiraient également le prolongement de la ligne actuelle de Bréauté-Beuzeville à Lillebonne, ainsi que la ligne de Port-Jérôme à Caudebec-en-Caux prévue par la loi de 1883.

Port-Jérôme serait donc le point de jonction vers le Sud de toutes les voies ferrées de la Seine-Inférieure situées à l'Ouest de la ligne Rouen-Dieppe.

Si, malgré les vœux nettement exprimés par les intéressés, représentés par la Commission interdépartementale (Seine-Inférieure, Eure et Calvados) présidée par l'honorable M. Bignon ; par les Conseils généraux de ces trois départements, ainsi que par la Ville du Havre elle-même, un autre point que Quillebeuf était choisi pour la traversée de la Seine — et par un autre moyen qu'un transbordeur système Arnodin (qui ne pourrait être alors qu'un viaduc), — il serait à souhaiter alors que ce viaduc fût placé en un point *aussi rapproché que possible de Quillebeuf*, de façon que cette ville, qui jusqu'ici a été privée de tout moyen de transport par voies ferrées, ait une gare sur la ligne nouvelle, et que le plateau du Roumois soit traversé dans toute sa longueur de l'Ouest à l'Est.

Nous avons figuré, par une ligne pointillée sur la carte jointe à cette note, l'alternative d'un passage sur viaduc en amont de Quillebeuf.

La ligne nouvelle ne passerait plus alors à Sainte-Opportune, mais à Trouville-la-Haule, tout en continuant ensuite vers Bourneville, Routot et Bourg-Achard.

En vue de l'adoption du projet par les Chambres, qui seront probablement effrayées par une dépense de plus de 70 millions *pour la seule traversée de la Seine*, de même que dans le désir d'arriver à l'exécution dans le plus bref délai possible de la ligne projetée, nous croyons qu'il serait sage d'insister pour l'adoption d'un transbordeur, d'autant que la dépense de sa construction, en supposant qu'il soit remplacé plus tard par un viaduc, serait largement compensée par les services qu'il rendrait d'ici là et dans l'avenir.

Sur la rive gauche. — La Seine traversée (nous supposons à Quillebeuf), la ligne nouvelle monterait à Sainte-Opportune — par conséquent à l'extrémité Ouest du plateau du Roumois — sur le flanc des coteaux qui le limitent de ce côté et dominent le Marais-Vernier.

Ce tracé est encore celui prévu par la loi de 1883. Mais, à partir de Sainte-Opportune, il devient tout différent en ce que, au lieu de continuer vers Pont-Audemer et de descendre dans la vallée de la Risle par le petit vallon du Bois-Plessis, afin de rejoindre la ligne de Honfleur à Pont-Audemer, nous faisons traverser à la voie nouvelle le riche plateau du Roumois, — et ce, *dans toute sa longueur* — ce qui permet de desservir ses principales agglomérations (Bourneville, Routot et Bourg-Achard) jusqu'ici éloignées de toutes voies ferrées.

Ces trois grands bourgs étant situés sur une même ligne et à des altitudes sensiblement égales (130, 132 et 129 mètres), la construction d'une voie presque rectiligne et horizontale serait facile, et les trains pourraient y « faire de la vitesse » sur une distance de 25 kilomètres, ce qui serait chose impossible sur le tracé sinueux et continuellement en pente de Sainte-Opportune à Pont-Audemer par le Bois-Plessis et la vallée de la Risle, ainsi que de Pont-Audemer à Glos-Montfort.

De Bourg-Achard, la nouvelle ligne descendrait par un vallon — que la nature paraît avoir placé là tout exprès — pour rejoindre la ligne de Serquigny à Rouen à l'endroit où elle s'infléchit vers le sud ; le raccordement en cet endroit serait très facile.

A partir de ce raccordement, la voie nouvelle emprunterait la ligne existante de Serquigny à Rouen par Moulineaux, Grand et Petit-Couronne, Grand et Petit-Quevilly.

Chacun sait que la ligne dite de Rouen à Orléans est une ligne relativement récente, puisqu'elle date de 1883 ; qu'elle descend en pente douce de Moulineaux à Rouen, et que c'est un des plus beaux paysages de Normandie que celui de la Seine maritime se déroulant le long des coteaux de Sahurs, de Val-de-la-Haye, Dieppedalle et de Croisset, avec les châteaux et leurs parcs dominés par les sombres frondaisons de sapins de la forêt de Roumare.

Est-il besoin de dire que le passage à Rouen de la ligne nouvelle du Havre à Paris *par la rive gauche* serait d'un grand intérêt au point de vue du développement industriel et maritime de notre ville ?

Chacun sait, en effet, que c'est sur cette rive *seule* que Rouen, après avoir utilisé les prairies Saint-Gervais pour y créer le bassin à flot projeté, pourra désormais s'étendre. Il est même très regrettable qu'un vaste projet d'ensemble n'ait pas encore été établi en prévision de ce développement certain.

Ce passage sur la rive gauche serait également très intéressant au point de vue de l'électrification de la ligne entre Rouen et Quillebeuf, si, comme il en est question, une puissante usine de production d'électricité est construite à Petit-Quevilly.

Arrivée à Rouen. — La ligne nouvelle arriverait donc du Havre à Rouen par la voie ferrée *existante*, actuellement appelée Ligne d'Orléans.

Après être passée sous le pont de la rue Léon-Malétra (lequel devrait naturellement être élargi, de même que la tranchée qui le suit, afin de pouvoir augmenter le nombre des voies et allonger la courbe), la ligne traverserait sous la rue Jean-Rondeaux pour, de là, commencer à monter, par une rampe plus allongée et plus large que le plan incliné actuel, de façon à traverser le quartier Saint-Sever de la même façon que le traverse présentement la ligne qui raccorde les deux gares de la Rive gauche.

Le point culminant de ce raccordement se trouve sensiblement au même niveau que les ponts Corneille et Boieldieu. Il serait donc aisé d'édifier *au niveau actuel de la voie de raccordement des gares de la Rive gauche*, dans le quadrilatère formé par le quai Saint-Sever, la rue Lafayette, la place Carnot et la rue Lemire, une vaste gare qui, au point de vue du présent et de l'avenir, serait beaucoup mieux placée que la gare *principale* de Rouen que l'on projette de reconstruire « dans le trou » de la rue Verte ; il suffit de jeter les yeux sur le plan de Rouen (voir page 68), pour s'en convaincre.

Le centre de la ville de Rouen est situé — ce qui est, du reste, naturel — sur les bords de la Seine, entre les ponts Corneille et Boieldieu ; une gare construite sur l'emplacement que nous venons d'indiquer serait donc *vraiment* **Centrale**, et il n'y a pas de meilleur endroit pour réunir les services des gares de Rouen-Saint-Sever, Rouen-Orléans et Rouen-Martainville (Nord).

La Capitale de la Normandie aurait alors, comme toutes les grandes villes d'Europe, pour le bien de ses habitants en même temps que de ses visiteurs, une gare digne de son passé, de son importance actuelle et de son avenir, quelque chose comme les *Central Stations* des Anglais ou les *Haupt Ban Hof* des Allemands.

La question étant un peu en dehors de notre sujet — quoique s'y rattachant directement — nous en ferons l'objet d'un chapitre à part. (Pages 59 et suivantes.)

Rouen à Paris. — Nous supposons donc la **Gare Centrale** construite sur l'emplacement que nous venons d'indiquer.

De là, pour se diriger vers Paris, *par la voie la plus courte*, en employant autant que faire se peut une ligne existante et *en évitant la ligne actuelle*, il faut passer sur la rive droite.

C'est sur la rive droite, en effet, que se trouve la ligne directe imaginaire allant de Rouen à Paris. Elle traverse le plateau de Boos et le Vexin, d'où l'idée nous est venue de relier Rouen à Charleval (centre industriel important dans la Vallée de l'Andelle) en passant par Darnétal, Saint-Léger-du-Bourg-Denis, Saint-Aubin-Epinay, Boos, Mesnil-Raoul et Bourg-Beaudoin.

De Bourg-Beaudoin, la voie nouvelle descendrait à Fleury-sur-Andelle par le vallon de Vandrimare, rejoindrait à Charleval la ligne de Pont-de-l'Arche à Gisors, et, à partir de ce point, emprunterait la ligne de Dieppe à Paris par Pontoise.

De Charleval à Paris, il n'y aurait donc pas de voie nouvelle à créer, mais simplement à doubler les lignes existantes de Charleval à Gisors et de Gisors à Pontoise; ce dernier doublement est, du reste, en cours d'exécution et doit être, paraît-il, terminé en 1912.

On admettra qu'il est plus facile, plus rapide et moins coûteux, de doubler une ligne que d'en créer une autre, alors surtout que, comme dans le cas qui nous occupe, il n'y a, entre Charleval et Pontoise, aucun travail d'art important qui puisse empêcher l'élargissement de la plate-forme de la voie.

Le doublement de la voie entre Gisors et Pontoise (de Pontoise, elle est double jusqu'à Paris) est depuis longtemps décidé, et on y travaille actuellement sur plusieurs points; c'est donc une dépense qui ne serait pas au compte de la nouvelle ligne du Havre à Paris, les frais pour la création de celle-ci s'arrêteraient à Gisors.

Signalons, enfin, que par l'emprunt des lignes *existantes* de Paris à Charleval par Gisors, et de Rouen à La Londe par Moulineaux, la voie nouvelle serait déjà construite — ou en grande partie — sur un parcours de 125 kilomètres. (Voir tableau n° 4, page 56.)

Traversée de la Seine à Rouen.

En quittant à Rouen la **gare centrale** érigée sur la rive gauche de la Seine, à l'endroit que nous avons indiqué, la ligne nouvelle, pour passer sur la rive droite, devrait naturellement traverser le fleuve.

Cette traversée aurait lieu sur un large pont métallique, prévu pour au moins quatre voies, qui partirait de la rive gauche vers le rond-point du Cours-la-Reine, s'appuierait sur l'île Lacroix, dont il serait facile de respecter la voirie, et aboutirait au Pré-aux-Loups à l'ouest et près de l'église Saint-Paul ; de là, la ligne passerait sous l'avenue de ce nom.

La cote de nivellement de la place Saint-Paul étant de 20 mèt. 50 et celle des terrains de l'île Lacroix 5 mèt. 50 à 6 mètres — soit une différence d'environ 15 mètres — il semble qu'aucune difficulté n'est à prévoir pour l'établissement d'un pont au-dessus de la Seine et du passage de la voie en dessous du boulevard Saint-Paul.

Ce boulevard traversé, la ligne nouvelle contournerait la base de la côte Sainte-Catherine à l'Est de la rue du Quai-aux-Celliers ; elle se poursuivrait en dessous du cimetière du Mont-Gargan, pour, en continuant à monter sur le flanc de la colline, se diriger vers Darnétal et Saint-Léger-du-Bourg-Denis, en passant au-dessus de l'entrée nord du tunnel Sainte-Catherine.

Evidemment, le passage dans l'île Lacroix, le Pré-aux-Loups et les quartiers de la rue du Quai-aux-Celliers et du Mont-Gargan, ne se ferait pas sans démolir des maisons et

autres constructions, mais aucune d'elles dans ce tracé ne
paraît être d'importance à empêcher l'exécution d'un travail
si utile pour Rouen, pour Le Havre et pour les régions que
traverserait la nouvelle ligne. De plus, au point de vue de
l'hygiène publique, dans la vieille cité normande, ce serait,
croyons-nous, un bienfait de voir disparaître la plupart de
ces vétustes bâtisses qui n'ont aucun caractère artistique.

Autre
solution.

Si, toutefois, on reculait devant les expropriations nécessaires, les travaux à exécuter et l'importance de la dépense,
signalons un autre tracé qui permettrait de faire passer, à
moins de frais, la voie nouvelle de la rive gauche sur la
rive droite.

Celui-ci consisterait à prolonger la ligne dans les prairies
de Sotteville, au nord de la gare de triage agrandie, dont
elle limiterait l'emprise du côté de la Seine, et à lui faire
traverser le fleuve en aval du passage d'eau d'Amfreville-
la-Mi-Voie.

Le nouveau pont s'appuierait sur l'île, pour, de là,
monter sur le plateau de Boos par le vallon de Neuvillette,
traverser en tranchée la plaine de Belbeuf et aboutir à
l'ouest de Boos et au sud de la route nationale de Paris à
Rouen.

Par cette solution, la dépense devrait être notablement
moindre que par le passage sur l'île Lacroix, sous l'avenue
de Saint-Paul et en contournant le Mont-Gargan; mais il
faudrait alors abandonner l'idée de raccorder directement
la nouvelle voie ferrée à la ligne de Rouen à Amiens, et,
par suite, de faire arriver à la Gare Centrale, autrement que
par le raccordement actuel — c'est-à-dire par le tunnel de
Sainte-Catherine et le pont aux Anglais — les trains venant
du Nord.

De plus, Darnétal, Saint-Léger-du-Bourg-Denis et Saint-
Aubin-Epinay ne seraient pas desservis par la voie nouvelle,

ce qui empêcherait une « résurrection » industrielle possible
de ces centres, autrefois si prospères.

Le passage par Amfreville-la-Mi-Voie pourrait amener
également une modification dans le tracé entre Boos et
Fleury-sur-Andelle.

Cette modification consisterait à maintenir la voie nouvelle
au Sud de la route nationale de Paris à Rouen, et à
la faire descendre dans la vallée d'Andelle par un vallon,
moins sinueux et plus long que celui de Vandrimare, qui
a son origine sur le territoire de la Neuville-Champ-d'Oisel,
et aboutit à Radepont. C'est une variante qu'il échet aux
Ingénieurs compétents d'étudier. Peut-être y aurait-il là une
autre économie à réaliser ; la voie nouvelle ne traverserait
pas alors la route nationale, mais Mesnil-Raoul et Bourg-
Beaudoin ne seraient pas desservis.

De Charleval ou de Radepont, la nouvelle ligne se dirigerait vers Gisors, en empruntant la voie ferrée existante, qui
serait doublée. On sait que cette voie suit les vallées de la
Lieurre et du Fouillebroc jusqu'à Lisors pour, ensuite,
traverser la partie Nord du plateau du Vexin où se trouvent
Ecouis, Saussaye, Le Thil, Etrépagny, Bernouville et Bézu-
Saint-Eloi.

Les adversaires de ce tracé feront très probablement remarquer qu'il y a entre Charleval et Gisors (à Charleval même
et à Etrépagny) des courbes à rayon de 350 mètres seulement, qui se prêtent mal au passage de trains rapides.

La chose est exacte, mais il serait facile de modifier ces
courbes en les allongeant, ainsi que l'Administration du
réseau Ouest-Etat le fait présentement pour certaines courbes de la ligne de Paris à Dieppe par Pontoise.

La situation est la même dans les deux cas. La ligne
Pontoise à Dieppe a été primitivement construite à voie
unique — comme celle de Pont-de-l'Arche à Gisors — et
avec des courbes dont quelques-unes à petit rayon. Main-

tenant que l'on double cette ligne, dans le but d'y faire passer les trains rapides (trains de marée) de Paris à Dieppe, on allonge les courbes trop courtes. La chose serait d'autant plus facile à Charleval et à Etrépagny que les terrains presque plats se prêteraient à cette modification.

A Gisors-Ville (qui serait un des principaux arrêts de la nouvelle ligne, ce qui ne pourrait que contribuer largement à son développement), la voie nouvelle, après avoir parcouru quelques centaines de mètres, serait reliée à la ligne de Dieppe à Pontoise, par une longue courbe, dans une ondulation de terrain où la chose est aisée, puisqu'il y a égalité de niveau entre les plates-formes des deux lignes.

Maintenant que le raccordement est opéré — du moins dans notre esprit — entre la ligne nouvelle venant du Havre et celle de Dieppe vers Paris, nous croyons inutile de nous étendre davantage sur cette dernière partie.

Toutefois, nous devons faire remarquer qu'elle traverse de beaux sites; qu'elle est même, en certains endroits, très pittoresque, notamment entre Gisors et Chaumont-en-Vexin, lorsqu'elle court au flanc des coteaux de la vallée de la Troëne ; ce côté esthétique n'est pas sans importance pour un pays où passent de nombreux Etrangers et qui se flatte de les attirer.

Nous devons signaler aussi, puisqu'en tête de cette brochure nous avons mis que la nouvelle ligne serait **sans tunnels**, qu'il y en a *deux* entre Gisors et Pontoise, à Chars et à Boissy-l'Aillerie. Mais ces tunnels sont si courts (à Chars 77 mètres et à Boissy-l'Aillerie 158 mètres), les terres qui les recouvrent si peu élevées et l'emplacement pour les déposer si indiqué (dans les remblais nécessaires au double-ment — ou au triplement éventuel — de la voie), que la suppression de ces courts tunnels serait chose facile et avantageuse ; nous en avons reçu l'assurance par quelqu'un spécialement compétent.

A Pontoise, deux lignes se présentent pour atteindre Paris, et c'est, croyons-nous, un des avantages du tracé que nous proposons; elles aboutissent l'une à la gare Saint-Lazare, l'autre à la gare du Nord.

Pour la gare Saint-Lazare, il y a trois directions : l'une par Fin-d'Oise, Achères et Maisons-Laffitte; l'autre par Conflans-Sainte-Honorine, Herblay et Argenteuil; la troisième par Pierrelaye, Ermont et Argenteuil.

C'est cette dernière qui est la plus courte, mais elle nécessite l'emploi d'une partie du réseau Nord entre Saint-Ouen-l'Aumône et Argenteuil; nous supposons, toutefois, que cela ne souffrirait pas de difficulté si l'on en juge par les nombreux exemples de Compagnies empruntant, sur certains parcours, les voies d'autres Compagnies.

Deux terminus à Paris.

Nous insistons particulièrement sur ce que le tracé que nous suggérons pour la nouvelle ligne du Havre à Paris aurait, entre autres avantages, celui de pouvoir amener et faire partir les trains **de la gare du Nord**. La distance entre Paris, Rouen et Le Havre, dans ce cas, serait moindre de 2 kilomètres qu'au départ de la gare Saint-Lazare.

L'utilité de ce **double terminus** apparaîtrait le jour où un accident au pont d'Asnières, au tunnel de Batignolles ou sur la voie entre ces deux points, rendrait impossible l'accès de la gare Saint-Lazare; on admettra qu'il n'y a, dans cette supposition, rien d'impossible.

Trains directs.

Ce second terminus aurait également pour avantage de permettre l'organisation de trains rapides et directs pour Le Havre, qui partiraient de la gare du Nord, en correspondance avec d'autres trains venant de nos grandes villes du Nord et de l'Est ou du centre de l'Europe, tels les *trains transatlantiques*.

Dans ce dernier cas, le "train transatlantique" n'aurait pas besoin de passer par Rouen ; il se rendrait directement au Havre en passant par Gisors, Charleval, Pont-de-l'Arche, Freneuse et Saint-Aubin-jouxte-Boulleng, ce qui éviterait la montée du plateau de Boos et une réduction de 8 kilomètres.

La distance, dans ce cas (train transatlantique partant de la gare du Nord), serait de 206 kilomètres, alors que par la ligne actuelle, de la gare Saint-Lazare au Havre, elle est de 228 kilomètres.

On comprendra tout ce que ce « raccourci » a d'intéressant, surtout pour des voyageurs qui ont parcouru de longues distances et qui ont le désir naturel d'arriver au but le plus vite possible.

Ce « raccourci » ne se prêterait toutefois pas à un trafic intense et à l'augmentation éventuelle du nombre des voies — (d'où la nécessité que la ligne ordinaire nouvelle suive un autre parcours et passe *par Rouen*) — en raison des travaux d'art qu'il traverse (pont d'Orival et les tunnels du même nom et de Beauval), ainsi que de certains passages où la voie pourrait difficilement être doublée.

La possibilité de faire partir ou arriver à la gare du Nord, à Paris, les trains venant ou à destination du Havre, de Rouen et de Dieppe, est importante pour le cas où, ainsi qu'il en a été question, pour alléger le Réseau d'Etat beaucoup trop chargé, le Gouvernement rétrocéderait à la Compagnie du Nord ou seulement lui confierait l'exploitation des lignes situées au Nord de la Seine.

La chose n'a rien d'impossible, puisque déjà la Compagnie du Nord exploite, en compte avec le Réseau Ouest, la ligne d'Amiens à Rouen.

Voies secondaires et raccordements. — La ligne nouvelle du Havre à Paris, *via* Rouen, serait, naturellement, reliée aux autres lignes existantes voisines ou peu éloignées.

Raccordement vers Lillebonne et Bolbec. — Comme prévu, du reste, dans le projet de 1883, la voie nouvelle serait reliée de Port-Jérôme à Lillebonne à la ligne qui part de cette ville pour rejoindre l'embranchement de Beuzeville-Bréauté, en passant par Bolbec-Ville.

Par ce raccordement, les deux grands centres industriels de Lillebonne et Bolbec auraient un moyen de communication plus court et plus rapide avec Rouen et Paris (pour Bolbec, 203 kilomètres au lieu de 210 ; pour Lillebonne, 195 kilomètres contre 218 actuellement), en outre qu'ils pourraient recevoir du Havre, sans avoir à escalader le plateau du Pays de Caux, passer par Beuzeville et redescendre dans la vallée de Bolbec, leurs principales matières premières, le coton et les houilles. Donc, grand avantage pour Bolbec et Lillebonne.

De plus, le raccordement de Port-Jérôme à Lillebonne mettrait Fécamp, Etretat et les autres stations balnéaires du Pays de Caux en communication avec Paris — lieu de séjour habituel du plus grand nombre des clients de ces plages — par une seconde ligne qui, si, pour ces stations, elle n'est pas plus courte que la ligne actuelle, permettrait du moins de la décharger pendant la saison balnéaire et d'assurer ainsi un service plus régulier avec la Capitale.

Raccordement vers Caudebec-en-Caux. — De Port-Jérôme également partirait, conformément encore au projet de 1883, une ligne passant par Villequier et Caudebec, ligne qui desservirait les communes de Petiville, Saint-Maurice-d'Etelan et Norville, en même temps que les magnifiques pâturages de Notre-Dame-de-Gravenchon, des Nouettes et des Marais, lesquels, ainsi que nous l'avons déjà fait ressortir, pourraient à eux seuls approvisionner presque entièrement Le Havre des animaux de boucherie dont cette grande ville a besoin.

Nous avons, sur la carte jointe à cette brochure, figuré le raccordement de Port-Jérôme à Caudebec-en-Caux en bordure de Seine entre Villequier et la gare de Caudebec, ainsi que sur les cartes du Réseau Ouest ; mais, à la vérité, nous ne voyons pas comment, à moins d'une emprise sur le fleuve — du reste très large dans cette partie de son cours — le raccordement projeté pourrait suivre le tracé indiqué.

Il faudrait donc faire une emprise sur la Seine depuis le bas de la côte de Norville jusqu'à la gare de Caudebec et passer sur les quais de Villequier et de Caudebec devant les jolies propriétés qui se trouvent en bordure du fleuve ; nous ne supposons pas, en effet, que, pour contourner Caudebec, l'on veuille créer de nouveaux tunnels qui passeraient sous les collines de Saint-Arnould et de Saint-Clair.

Le raccordement de la ligne du Havre à Villequier et à Caudebec-en-Caux, avec la voie actuelle de Caudebec à Barentin par Duclair, serait un nouvel acheminement vers Rouen et vers Paris. Peut-être même permettrait-il de réaliser un jour — encore que la chose ne nous paraisse guère possible en raison des difficultés du passage de Saint-Martin-de-Boscherville aux Prairies Saint-Gervais et surtout à Rouen — la ligne, préconisée par certains, du Havre à Paris par la vallée de la Seine.

Raccordement vers Honfleur et vers Pont-Audemer. — Si le fleuve est traversé *à Quillebeuf* (comme demandé par les intéressés, représentés par les Conseils généraux des trois départements de la Seine-Inférieure, Eure et Calvados), une ligne à voie unique pourrait contourner le Marais-Vernier jusqu'à la pointe de la Rocque pour, après avoir traversé la Risle, atteindre Berville-sur-Mer, et, de là, se diriger à l'Ouest, vers Honfleur ; à l'Est, vers Pont-Audemer, où elle se raccorderait à la ligne existante de Glos-Montfort, Le Neubourg et Evreux. Pareille voie serait très utile; d'abord pour assurer l'approvisionnement du Hàvre en produits maraîchers du Marais-Vernier; ensuite pour relier notre grand port de l'estuaire au port plus petit, mais non sans importance, qui lui fait face sur la rive sud : Honfleur.

Ce raccordement permettrait, en outre, de mettre en valeur les vastes pâturages gagnés sur l'estuaire entre la digue Sud et les côtes du Calvados, et peut-être pourrait-il être poursuivi jusqu'à Trouville, ce qui, ainsi, mettrait toutes les stations balnéaires de la côte normande en communication par voie ferrée avec Le Havre et Paris sans avoir à passer par Lisieux et Serquigny. En tous cas, cette communication directe serait donnée à Honfleur, Fiquefleur, Berville, Conteville et Foulbec, évitant pour les destinations de Honfleur et de la Rivière-Saint-Sauveur la montée sur le plateau de Beuzeville (altitude : 120 mètres) et un long détour, d'où économie de temps et d'argent.

Les deux raccordements dont nous venons de parler : de Quillebeuf à Honfleur et de Berville à Pont-Audemer, rendraient inutile la partie de la ligne prévue de Sainte-Opportune à Pont-Audemer par le vallon du Bois-Plessis, mais ils ne pourraient, naturellement, être construits qu'à condition que la traversée de la Seine par la nouvelle ligne ait lieu à Quillebeuf.

Raccordement avec la ligne de Rouen à Serquigny. — Nous avons déjà parlé du raccordement qui serait effectué sur les limites Ouest de la forêt de La Londe, afin de mettre la nouvelle voie ferrée en communication avec la ligne existante de Serquigny, qu'elle emprunterait jusqu'à Rouen, en même temps qu'avec celles d'Oissel par Saint-Aubin-jouxte-Boulleng, et d'Elbeuf vers Louviers, Pacy-sur-Eure, Dreux et Chartres.

Raccordement de Saint-Aubin-jouxte-Boulleng à Freneuse. — La ligne de Serquigny à Oissel pourrait être reliée à la ligne actuelle de Paris à Rouen par un raccordement entre Saint-Aubin-jouxte-Boulleng et Freneuse, évitant ainsi le tunnel de Tourville-sur-Seine, ce qui permettrait, en empruntant la voie de Pont-de-l'Arche à Charleval, d'établir le raccourci pour les trains *directs* de Paris au Havre, ou vice versa, dont nous avons parlé.

Par ce raccordement, la distance entre les deux villes ne serait plus que de 206 kilomètres, au lieu de 228 kilomètres qu'a la ligne actuelle en partant de la gare Saint-Lazare, et cette distance serait encore réduite de 2 kilomètres si le départ des trains avait lieu de la gare du Nord, à Paris.

Ce raccordement serait également avantageux pour les manufactures de la vallée d'Andelle, en ce qu'il leur permettrait de recevoir leurs cotons directement du Havre (distance pour Fleury-sur-Andelle 105, au lieu de 125 kilomètres), par conséquent dans des conditions d'économie et de célérité qui n'existent pas présentement. Cela devrait avoir pour résultat de faciliter le développement industriel de cette vallée.

Raccordement des diverses lignes à Rouen. — A Rouen, la nouvelle ligne serait naturellement reliée à l'ancienne; d'abord, sur la rive gauche entre les gares actuelles de Saint-Sever et de Sotteville; ensuite, sur la rive droite, par un raccordement dans la vallée de Darnétal, entre le pont de la route nationale n° 30, situé près de l'église Saint-Hilaire, et le versant nord des coteaux de Blosseville-Bonsecours.

De plus, si la voie nouvelle traversait la Seine sur l'île Lacroix et contournait le Mont-Gargan, passant ensuite le long des coteaux de Blosseville-Bonsecours, pour atteindre Saint-Léger-du-Bourg-Denis, elle pourrait être reliée à la ligne de Rouen à Amiens — par conséquent au **Réseau**

Nord — par un raccordement qui serait construit avant d'arriver au viaduc de Darnétal. Par ce raccordement, les trains venant du Nord par la ligne d'Amiens pourraient se rendre directement à la **Gare Centrale** qui serait le **Terminus** de toutes les lignes aboutissant à Rouen.

Autres raccordements. — Afin d'en finir avec les raccordements, rappelons, pour mémoire, que la voie ferrée nouvelle, telle que nous la suggérons, serait reliée :

— à *Fleury-sur-Andelle* ou à *Radepont* — suivant que le tracé Rouen-Charleval passerait par Saint-Léger-du-Bourg-Denis ou par Amfreville-la-Mi-Voie — à la ligne de Gisors à Pont-de-l'Arche.

— à *Gisors*, à la ligne Paris-Dieppe par Pontoise et Gisors-Beauvais, par conséquent, deuxième raccordement avec le Réseau-Nord.

— Enfin, à *Pontoise* avec les lignes de Pontoise à Creil et de Pontoise à Paris par Pierrelaye et Ermont, ce qui créerait un troisième et quatrième raccordements avec le Réseau Nord.

Tunnels (*). — Nous avons indiqué, en tête de cette brochure, que la nouvelle ligne du Havre à Paris (passant par Rouen), que nous suggérons, pourrait être **sans tunnels**, ce qui serait un grand avantage — que tout le monde comprendra — notamment pour son développement futur (sur lequel il faut compter) à mesure que se développeront les ports de Rouen et du Havre, ainsi que les industries et les commerces qui, de plus en plus, viendront s'établir dans ces ports ou à leurs alentours.

En réalité, et ainsi qu'on peut le voir par le tableau n° 2 (*), il y a, sur les voies existantes qu'emprunterait la ligne nouvelle — depuis son départ de la gare Saint-Lazare, à Paris — cinq tunnels ; mais leurs longueurs sont si faibles (331, 158, 77, 503 et 76 mètres), et leur situation, pour quatre au moins d'entre eux (tunnels de Boissy-l'Aillerie, de Chars, de Moulineaux et de La Londe) près d'endroits où des remblais seraient faciles à déposer, est si favorable à leur suppression qu'il y aurait tout intérêt à les faire disparaître.

Cette suppression serait moins aisée pour le tunnel de Batignolles, encore qu'il en ait été déjà plusieurs fois question. Il y a donc lieu de supposer qu'elle aura lieu à quelque jour ; mais là, la dépense serait grande, aussi faudra-t-il probablement attendre.

En tous cas, on peut dire que la ligne nouvelle du Havre à Paris que nous suggérons pourrait être **sans tunnels** par la suppression de ceux de Moulineaux, de Chars, de Boissy-l'Aillerie et de La Londe, puisque celui de Batignolles est dans Paris et au point terminus même de la ligne. Faisons remarquer, en passant, que ce dernier tunnel n'existerait pas pour les trains arrivant à la gare du Nord.

(*) Voir tableau n° 2 (page 54).

Ponts et viaducs (*). — Un des graves inconvénients de la ligne actuelle du Havre à Paris, et qui contribue à rendre son développement *impossible*, c'est le grand nombre de ponts et viaducs qu'elle traverse.

Il est facile de comprendre que l'élargissement de ces travaux d'art — en supposant qu'il soit possible — ne se ferait pas sans de grands frais, non plus que sans interruptions ou ralentissement du trafic et sans dangers.

Par l'adoption du tracé que nous signalons, ces inconvénients n'existeraient pas.

La ligne nouvelle serait construite sans toucher à l'ancienne, (dont, ainsi, le trafic n'éprouverait aucun ralentissement, ni aucun arrêt) et les **deux seuls** ponts ou viaducs à édifier (à Quillebeuf ou Aizier, à Rouen ou Amfreville-la-Mi-Voie) pourraient être exécutés dans les meilleures conditions d'économie, en outre qu'il serait possible de les établir en prévision du développement ultérieur de la ligne.

Dépense. — Le lecteur se demandera sans doute *quelle serait la dépense* pour l'exécution du tracé que nous suggérons.

C'est, en effet, un point très important, mais nous sommes obligé de laisser aux Ingénieurs compétents le soin de le résoudre ; d'abord, parce qu'il sort du cadre de cette brochure forcément succincte ; ensuite, parce que nous n'avons pas les documents nécessaires pour une pareille étude.

A première vue, il saute aux yeux, et il est facile de comprendre qu'une voie ferrée où les travaux d'art sont réduits au minimum ; dans laquelle il n'y aurait que 4 ponts au lieu de 9, comme dans la ligne actuelle ; qui ne nécessiterait l'élargissement d'aucun tunnel, ni d'aucun pont (sauf celui très court de Pontoise) ; et qui, dans ses parties neuves

---

(*) Voir tableau n° 3 (page 55).

(seulement 89 kilomètres), pourrait être tracée en pleine campagne (excepté, naturellement, dans le passage de Rouen), coûterait forcément meilleur marché qu'une nouvelle ligne pour l'utilisation de laquelle il faudrait agrandir de nombreux et longs tunnels et plusieurs ponts.

Mais en supposant même — ce que nous ne croyons pas — que la dépense du projet que nous suggérons soit plus élevée que celle du tracé Aizier-Bourgtheroulde, Pont-de-l'Arche et Mantes, il nous semble que les avantages considérables d'une voie nouvelle, *absolument distincte de l'ancienne* et *construite de telle façon qu'elle puisse être doublée ou triplée à toute époque*, expliqueraient un supplément de dépense, même important.

RÉSUMÉ DES AVANTAGES
de la nouvelle ligne proposée du Havre à Paris
passant par Rouen.

———

Pour plus de simplicité et de clarté, nous résumons ci-après les avantages qui, croyons-nous, résulteraient du tracé que nous suggérons.

Les voici :

— *Distances notablement plus courtes* du Havre et de Rouen à Paris que par la ligne actuelle. (Voir tableau n° 1, page 53.)

— *Possibilité d'augmenter, à tout moment, le nombre des voies*, suivant les besoins du trafic, puisque la ligne suggérée pourrait être *sans tunnels.*

— *Amélioration considérable, pour Rouen et pour Le Havre* des moyens de transport de ces deux grands ports vers Paris et le centre de la France.

— *Maintien de la bonne harmonie* entre les deux villes principales de la Seine-Inférieure.

— *Création d'une voie ferrée, qui jusqu'ici manquait,* pour desservir les riches et fertiles plateaux du Roumois et de Boos, en même temps qu'amélioration dans les moyens de transport pour Elbeuf (par Saint-Aubin-jouxte-Boulleng) et pour la vallée industrielle de l'Andelle et le Vexin.

— *Facilités données au Havre de s'approvisionner :* en bétail, dans les prairies de Radicatel, de Notre-Dame-de-Gra-

venchon et de Norville, en même temps qu'au Sud de la
Seine ; en céréales et en fruits, dans le Calvados et dans le
Roumois ; en produits maraîchers, dans le Marais-Vernier,
etc.

— *Augmentation des moyens de communication avec
le Nord* pour toutes les gares de la Seine-Inférieure et de
l'Eure par Rouen, Beauvais et Creil.

— *Possibilité de faire arriver ou partir les trains de
la gare du Nord à Paris* par Pontoise, Pierrelaye, Ermont
et Saint-Denis.

Cela serait un sérieux avantage en cas d'accident à l'un
des ponts d'Asnières, de Bezons, de Maisons-Laffitte ou
d'Argenteuil, de même qu'au tunnel de Batignolles, par
lesquels doivent passer tous les trains venant du Havre et
de Rouen à Paris.

— *Possibilité de faire partir ou arriver à la gare du
Nord* à Paris certains trains directs, tels que les « trains
transatlantiques » venant du centre de l'Europe vers Le
Havre et *vice-versa* sans que les voyageurs aient à changer
de wagons.

— *Pas de craintes d'arrêt du trafic par inondations de
la Seine*, comme tel est actuellement *et serait encore le
cas* pour la nouvelle ligne proposée par les Services de
l'Ouest-État, par suite de son passage en bordure de Seine,
à un niveau peu élevé au-dessus de celui du fleuve.

— *Possession de* **deux voies ferrées absolument dis-
tinctes**, entre Le Havre, Rouen et Paris, au lieu *d'une seule*.

— *Exécution plus rapide de la ligne nouvelle*, et ce,
*sans que le trafic de la ligne actuelle soit entravé en
aucune façon*.

— *Économie dans la construction*, puisqu'il n'y aurait aucun travail d'art à démolir ou à modifier.

. — *Enfin, Rouen*, grand centre maritime, industriel, commercial et artistique, serait desservi par la nouvelle voie ferrée et pourrait être doté d'une *gare centrale*, à laquelle aboutiraient les lignes de Paris, du Havre, d'Orléans, de Serquigny et du Nord.

Pareilles gares existent dans toutes les principales villes d'Europe; Rouen en est digne par son passé, par son importance et par l'avenir que lui réserve le développement de son port, situé sur le plus beau et le plus utile des fleuves français.

TABLEAUX

TABLEAU N° 1

DISTANCES du HAVRE à ROUEN et à PARIS par la ligne actuelle et les tracés proposés.

DÉSIGNATION.	DU HAVRE A ROUEN.	DE ROUEN A PARIS.	DISTANCES TOTALES.	DIFFÉRENCES EN MOINS AVEC LA LIGNE ACTUELLE.	REMARQUES.
LIGNE ACTUELLE Par Yvetot, **Rouen**, Oissel, Saint-Pierre-du-Vauvray et Mantes.	92 kil.	136 kil.	228 kil.		15 **tunnels** (ensemble 12,946 9 ponts sur la Seine. 3 viaducs anciens.
PROJET DE 1911 Par Tancarville, Aizier, Bourgtheroulde, Pont-de-l'Arche, Saint-Pierre-du-Vauvray et Mantes.	Ne passe pas par **ROUEN**		212 kil.	16 kil.	8 **tunnels** (ensemble 6,153 m 7 ponts. 1 viaduc à construire sur la Se
PROJET X X Par Tancarville, Quillebeuf, Routot, La Londe, **Rouen,** Charleval, Gisors et Pontoise.	88 kil.	126 kil.	214 kil.	14 kil.	5 courts **tunnels** (ensemble 1. ou 1 tunnel (Batignolles) – si les 4 autres sont supprin Enfin, **zéro tunnel,** si le tur Batignolles était supprimé, l'arrivée à la gare du Nord.
—— **IDEM** —— Par Saint-Aubin-jouxte-Boulleng, Pont-de-l'Arche et Vallée d'Andelle.	. . . . .	. . . . .	206 kil.	22 kil.	2 ponts (dont un à construire). 1 transbordeur ou viaduc sur la

TABLEAU N° 2.

Nombre et longueurs des TUNNELS de la ligne actuelle et des tracés proposés.

LIGNE ACTUELLE DE PARIS AU HAVRE.		NOUVELLE LIGNE PROPOSÉE PAR L'ADMINISTRATION. (1911).		NOUVELLE LIGNE SUGGÉRÉE PAR X. X. (1911).		OBSERVATIONS.
Désignation.	Longueur.	Désignation.	Longueur.	Désignation.	Longueur.	
TUNNELS :		TUNNELS :		TUNNELS :		Le tunnel de Batignolles n'existerait pas au départ de la gare du Nord.
de Batignolles.........	331 m	de Batignolles	331 m	de Batignolles.......	331 m	
de Meulan-Hardric¹ ...	468 »	de Meulan-Hardric¹..	468 »			
de Rolleboise	2.647 »	de Rolleboise	2.647 »			
du Roule	1.726 »	du Roule,..........	1.726 »	de Boissy - l'Aillerie..	158 »	
de Venables.........	403 »	de Venables.........	403 »	de Chars	77 »	Faciles à supprimer.
de Tourville	500 »	Pont-de-l'Arche.		de Moulineaux	503 »	
de Sainte-Catherine ...	1.055 »	d'Orival...........	402 »	de La Londe	76 »	
de Saint-Hilaire	80 »	de Beauval.........	100 »			
de Beauvoisine	1.372 »	de La Londe	76 »	TOTAL...	1.145 m	qui pourraient être réduits à zéro mètre, ou à 331 mètres en conservant le tunnel de Batignolles.
— Rouen R. D. —		de Tancarville	?			
de Saint-Maur........	1.465 »					
du Mont-Riboudet	352 »	TOTAL...	6.153 m			
de Pissy-Pôville	2.204 »					
— id. —	227 »					
de Pavilly	164 »					
de Harfleur	52 »					
TOTAL...	12.946 m					

Nombre et longueurs des PONTS et VIADUCS de la ligne actuelle et des tracés proposés.

Ligne actuelle DE PARIS A ROUEN ET AU HAVRE.		Nouvelle Ligne PROPOSÉE PAR L'ADMINISTRATION, DE PARIS AU HAVRE.		Nouvelle Ligne SUGGÉRÉE PAR X. X. DE PARIS A ROUEN ET AU HAVRE.		OBSERVA'
DÉSIGNATION	PORTÉE	DÉSIGNATION	PORTÉE	DÉSIGNATION	PORTÉE	
PONTS :		PONTS :		PONTS :		
1 d'Asnières . . . . . 5 travées.	161 ᵐ	1 d'Asnières . . . 5 travées.	161 ᵐ	d'Asnières . . . . . 5 travées.	161 ᵐ	Le passag
2 de Bezons . . . . (1ᵉʳ 5 »	159 ᵐ	2 d'Argenteuil . . 5 »	190 ᵐ	d'Argenteuil . . . 5 »	190 ᵐ	deux ponts
3 (2ᵉ 4 »	128 ᵐ	3 de Fin-d'Oise . . 4 »	128 ᵐ			évité lorsq
4 de Maisons-Laffitte. (1ᵉʳ 5 arches.	148 ᵐ	4 de Mantes . . . (1ᵉʳ 3 arches.	96 ᵐ	de Pontoise	104 ᵐ	trains par de la gare d
5 (2ᵉ 1 »	32 ᵐ	5 (2ᵉ 4 »	136 ᵐ	de Rouen . . . . envᵒⁿ.	350 ᵐ	ou s'y rend
6 du Manoir . . . . . 3 travées.	204 ᵐ	6 du Manoir . . . 3 travées.	204 ᵐ			
7 de Tourville . . . 3 »	183 ᵐ	7 d'Orival	277 ᵐ		805 ᵐ	
8 d'Oissel . . . . 3 »	181 ᵐ			VIADUC :		
9 d'Eauplet . . . . 8 »	347 ᵐ		1.192 ᵐ	sur Vallée d'Andelle. envᵒⁿ.	120 ᵐ	Nous avor posé que l versée de la d'Andelle se
	1.543 ᵐ	VIADUC :				comme celle
VIADUCS :		8 de Saint-Maurice . . . (d'Etelan à Aizier . . .) envᵒⁿ.	4.000 ᵐ			Vallée de Mar par le viad Malaunay.
10 de Malaunay . . . 8 arches.	120 ᵐ			Transbordeur	500 ᵐ	
11 de Barentin . . . . 27 »	405 ᵐ	envᵒⁿ.	5.192 ᵐ			
12 de Mirville . . . . 48 »	442 ᵐ				1.425 ᵐ	
	2.510 ᵐ					

TABLEAU N° 4.

Voie ferrée nouvelle du HAVRE à PARIS, passant par ROUEN, le Roumois, le plateau de Boos et le Vexin.

DÉTAIL DES DISTANCES

DÉSIGNATION DES LIGNES.	LONGUEUR DES VOIES		OBSERVATIONS.
	Existantes.	A construire.	
de **Paris** (Saint-Lazare) à **Charleval**, par Pontoise, Gisors et Etrépagny (lignes existantes).	102 kil.		La voie est double de Paris à Pontoise. On la double actuellement de Pontoise à Gisors. Elle serait à doubler (avec 2 courbes à allonger) entre Gisors et Etrépagny.
de **Charleval** à **Rouen R. G.** (gare centrale), par Saint-Léger-du-Bourg-Denis ou par Amfreville-la-Mi-Voie (ligne à construire).		24 kil.	Partie de ligne à construire entièrement en passant, soit par Fleury, le vallon de Vandri-mare, Bourg-Beaudoin, Mesnil-Raoul et S'-Léger-du-Bourg-Denis ; soit par Radepont, le vallon de Radepont à la Neuville-Champ-d'Oisel, Boos et Amfreville-la-Mi-Voie.
de **Rouen R. G.** (gare centrale) à **La Londe** (embranchement), par Grand-Couronne et Moulineaux (ligne existante).	23 kil.		La voie actuelle de Rouen à La Londe est double, donc rien à y faire présentement. Plus tard, on supprimerait les tunnels de Moulineaux et de La Londe en utilisant les déblais pour l'élargissement de la plate-forme et augmenter le nombre des voies.
de **La Londe** au **Havre** (gare actuelle), par Routot, Quillebeuf, Port-Jérôme et Tancarville (ligne à construire).	125 kil.	65 kil. / 89 kil.	Partie de ligne à construire entièrement avec passage de la Seine à Quillebeuf... ou ailleurs.
Totaux.....	214 kilomètres.		

PROJET DE VOIE FERRÉE NOUVELLE DU HAVRE A PARIS, PASSANT PAR ROUEN

IL FAUT A ROUEN

UNE

GARE CENTRALE

Il faut à Rouen une "Gare Centrale"

Nouvelle gare de Rouen. — Gare Centrale. — Ainsi que nous l'avons déjà expliqué, et que cela ressort, du reste, du tracé que nous suggérons pour la nouvelle ligne du Havre à Paris, il y aurait lieu, si ce tracé était admis — et c'est, croyons-nous, une des raisons qui parlent le plus en sa faveur — de construire à Rouen, sur la rive gauche, une gare neuve qui serait une gare vraiment **Centrale**, telle qu'il en existe dans toutes les grandes villes de l'étranger.

Ce serait, pour Rouen, une amélioration considérable, impossible à obtenir, quelque agrandissements ou améliorations que l'on porte à la gare actuelle de la rue Verte.

En effet, on ne pourra jamais y amener les trains du Nord, d'Orléans et de Serquigny ; et en supposant même qu'on puisse le faire, sur quelles voies les garerait-on ?.

Il est facile de comprendre que, pour la facilité des relations entre les différentes lignes passant ou s'arrêtant dans une même ville, ainsi que pour la commodité des voyageurs, il est nécessaire que toutes ces lignes aboutissent en un même point et un point **central** de la Cité.

Or, la gare actuelle de la Rue Verte, notre gare principale, est, pour ainsi dire « extra-muros ». De plus, elle a été bâtie *dans un trou*, entre deux longs tunnels — ce qui l'a fait comparer, non sans raison, à une « taupinière » — et ce qui, en tous cas, rend impossible la construction, dans un pareil emplacement, d'une gare commode, salubre et digne de la Ville de Rouen.

En outre et surtout, cet emplacement est loin, très loin même, d'être *central* ; il n'est pas même approximativement à une distance égale des points extrêmes de la Cité, ainsi que cela devrait être pour la commodité *de tous* les habitants.

Il faut tenir compte, en effet, que Rouen n'existe plus seulement sur la rive droite de la Seine dans la partie comprise entre ses anciens remparts, remplacés par les boulevards Cauchoise, Jeanne-d'Arc, Beauvoisine, Martainville et Gambetta.

L'ancienne ville, dominée et limitée par les coteaux du Mont-Saint-Aignan, de Boisguillaume, de Bihorel, de Blosseville-Bonsecours et de Sainte-Catherine, ne peut désormais s'étendre — et elle s'étend rapidement — que vers le sud, c'est-à-dire *sur la rive gauche,* et vers l'ouest, du côté du Mont-Riboudet et des prairies Saint-Gervais ; encore son extension de ce côté se trouvera-t-elle forcément et bientôt arrêtée par les collines de Canteleu, et les habitants n'y seront jamais très nombreux, puisqu'il s'agit d'y créer un vaste établissement maritime.

Ceux qui contribuent à l'extension de la ville sur la rive gauche, en construisant usines ou immeubles jusqu'aux limites de Sotteville et de Petit-Quevilly, ont le droit de demander à être traités aussi bien que les habitants de la vieille ville. Ils peuvent et doivent certainement considérer comme injuste qu'on les oblige à parcourir *des kilomètres* pour aller prendre un train lorsque leurs affaires les appellent au Havre, à Paris ou ailleurs, alors que les habitants des quartiers Cauchoise, Saint-Maur, Champ-des-Oiseaux et Bihorel, n'ont que quelques centaines de mètres à faire pour être rendus à la gare.

De plus, n'est-il pas logique, étant donné que l'on est généralement pressé lorsqu'on se rend à une gare, et qu'il est toujours plus facile et rapide de descendre que de monter, que celle-ci soit — lorsque faire se peut, comme dans le cas qui nous occupe — placée au point *le plus bas* de la cité, en l'espèce sur les bords du fleuve.

C'est sur les bords de la Seine, entre les ponts Corneille

et Boïeldieu (voir le plan, page 68) — que se trouve *le centre* de Rouen. Il est actuellement plus près de la rive droite, mais on peut être certain, puisque Rouen ne peut dorénavant s'étendre que vers le Sud, que le centre de la ville se déplacera de ce côté et sera un jour dans le quartier Saint-Sever même.

C'est donc là, puisque tous grands travaux devraient être projetés et exécutés en prévision de l'avenir, qu'il conviendrait de placer la **nouvelle gare de Rouen** ; elle aurait alors l'avantage d'être **Centrale** et de pouvoir y faire aboutir toutes les voies ferrées venant ou passant à Rouen.

D'un autre côté, chacun sait qu'il est difficile, dispendieux et long, de construire sur l'emplacement de bâtiments existants qu'il faut préalablement démolir en perdant, par conséquent, les avantages de ce qui existe. La dépense se trouve, de ce fait, souvent plus que doublée, et ce, pour ne rien faire qui soit pleinement satisfaisant.

Et que sera-ce si, pour agrandir « le trou » dans lequel on veut faire une gare neuve, il faut démolir des maisons et détourner des rues, abattre et enlever bien loin des milliers de mètres cubes de terre ? Tout cela pour faire une gare qui sera toujours *dans un trou*, par conséquent incommode et insalubre, en outre qu'elle sera *de plus en plus éloignée du centre de la ville.*

Que l'ancienne Compagnie de l'Ouest, avec son peu d'initiative (qui s'expliquait, du reste, par la situation précaire dans laquelle elle se trouvait), poussée par l'opinion, et parce qu'il fallait *faire quelque chose*, ait proposé de refaire une gare sur l'emplacement de l'ancienne, cela s'explique ; mais que l'ancienne direction du Réseau-Ouest ait fait sienne cette solution, alors qu'elle en connaissait les inconvénients et qu'elle a pu se rendre compte que c'est une **gare centrale** qu'il faut à notre vieille et grandissante cité, cela se conçoit à peine.

On comprend que l'Administration municipale rouennaise ait insisté pour que soit exécuté ce qui a été proposé et promis, afin de mettre un terme à un état de choses qui n'a que trop duré, et pour que disparaisse enfin cette gare incommode, insalubre et indigne d'une ville telle que Rouen ; mais, encore une fois, ce n'était pas là qu'il fallait construire *une gare neuve.*

Ce qu'il eût fallu — et cela depuis longtemps — ce qu'il faudrait encore faire, s'il n'est pas trop tard (et nous croyons que tel est le cas, puisque rien n'a encore été fait dans la voie de la démolition), ce serait : nettoyer à fond la gare actuelle ; la rendre moins dangereuse, par la création de passerelles ou de souterrains et d'escaliers donnant accès à la rue Verte ; la rendre plus spacieuse et moins encombrée par la suppression des services de grande vitesse, par le déplacement de certaines salles d'attente, du buffet et des bureaux de délivrance des billets, de façon que les voyageurs allant vers Paris puissent arriver à la gare et prendre leurs billets du côté même où partent les trains pour la direction de Paris.

Le coût de ces modifications serait de peu d'importance eu égard aux services qu'elles rendraient, mais surtout par rapport à ce que l'on se propose de dépenser *pour n'avoir guère mieux* que la gare actuelle.

. Quant à prétendre faire une gare commode et propre dans ce trou, entre deux tunnels et à dix mètres en contre-bas des rues voisines (d'où le risque d'être inondé dans les grands orages, ainsi que cela a eu lieu l'an dernier), il n'y faut pas songer.

Les Rouennais, qui ont eu la patience d'attendre pendant un *demi-siècle* qu'on fasse quelque chose pour leur gare principale, accepteraient certainement d'attendre encore plusieurs années pour avoir une **gare centrale** digne de la vieille cité, mais à condition, naturellement, que l'on nettoie et modifie sans tarder la gare actuelle, ce qui devrait être facile à entreprendre de suite puisque les fonds sont, croyons-nous, votés — ou tout au moins promis — pour l'agrandissement de la gare actuelle.

Nous n'ignorons pas que l'idée que nous émettons là ne sera pas du goût de tout le monde, notamment de ceux qui ont conçu e exécuté le projet de sa reconstruction, de ceux qui l'ont défendu, et surtout de ceux qui en profiteraient; mais nous savons aussi qu'il y a de nombreux Rouennais qui déplorent cette reconstruction pour les raisons que nous venons de dire, et aussi parce qu'elle retardera — peut-être indéfiniment — l'existence d'une **gare centrale** dont l'utilité à Rouen ne saurait, pourtant, faire de doute.

La gare **centrale** que nous prévoyons — et qui deviendrait la gare principale (car la gare de la rue Verte, améliorée, serait naturellement maintenue) — serait construite (voir plan page 68) dans le quadrilatère, en bordure de Seine, compris entre le quai Saint-Sever, la rue Lafayette, la place Carnot et la rue Lemire, ou, plutôt, la voie ferrée sur viaduc déjà existante qui passe en bordure et au sud de cette dernière rue.

Cet emplacement a, du reste, croyons-nous, été déjà signalé lorsque, pour la première fois, il fut question de l'agrandissement de la gare de la rue Verte.

La voie ferrée élevée qui borde la rue Lemire du côté sud serait d'une grande utilité pour l'apport des matériaux et des remblais nécessaires à la construction de la nouvelle gare.

Elle donnerait le niveau des voies auxquelles on accéderait par des chaussées en pente douce partant des extrémités des ponts Boieldieu et Pierre-Corneille.

Les lieux se prêtent admirablement à la construction d'une gare en cet endroit.

En effet, la cote de nivellement moyenne de la voie élevée,

qui relie les gares de la rive gauche, entre les rues Saint-
Sever et Lafayette, est de 13 mèt. 30, alors qu'elle est de
11 mètres à l'extrémité sud du pont Corneille, et 9 mèt. 16
au pont Boieldieu.

Les différences de niveau qui existent entre ces trois points
seraient donc favorables à l'agencement des cours d'accès
des voies, des quais d'embarquement, des salles d'attente et
de distribution de billets, etc.

Une vaste terrasse, dont la façade serait parallèle et
à 80 mètres environ de l'arête du quai, pourrait être
construite, à laquelle on accèderait par deux chaussées
légèrement en pente, dont nous venons de parler, et que
l'on ferait en courbes facilement gracieuses, l'une partirait
du pont Boieldieu, l'autre du pont Corneille ; deux autres
chaussées pourraient être également construites pour faciliter
l'accès aux voyageurs venant des rues Lafayette et Saint-
Sever.

La Gare centrale devrait, naturellement, être construite
dans un style monumental, mais sobre — surtout rien de
gothique, cherchant à faire concurrence à nos admirables
monuments — avec façade principale vers la ville et façades
plus simples des côtés de la place Carnot et de la rue Lafayette.

Nous voudrions aussi que l'intérieur en fût très propre
et très commode, ce qui serait un grand et heureux changement pour les Rouennais et tous ceux qui fréquentent notre
ville ; que, notamment, les quais d'embarquement soient,
comme en d'autres pays, au niveau du plancher des wagons,
si la construction de ceux-ci ne rend pas la chose impossible.

Dans les sous-sols — qui se trouveraient au niveau de la
chaussée actuelle des quais — il serait facile d'installer
nombre de services accessoires et peut-être même d'y créer
des magasins ou entrepôts que le commerce louerait certainement.

C'est une étude à faire, à laquelle le cadre, forcément

restreint de ce travail, ne nous a pas permis de nous livrer ;
mais ne serait-il pas possible à l'une des Sociétés savantes
que Rouen possède (Société libre d'Emulation, Société Industrielle, Société des Monuments rouennais — ou toute autre —)
d'ouvrir un concours pour un projet de **gare centrale** à
construire à l'emplacement et dans les limites que nous
venons d'indiquer ?

Il est facile de se figurer le panorama qui, de la terrasse
de la gare centrale et des rampes y accédant, se déroulerait
aux yeux du voyageur au moment où il débarquerait dans
la vieille cité normande ; ce serait :

En face, et au premier plan, le beau et si utile fleuve
qu'est la Seine, avec ses quais chargés de marchandises
et encombrés de bateaux, exemples de l'activité maritime
de notre port ; de l'autre côté du fleuve, encore des quais
couverts de magasins et de produits de toutes sortes et
encore des bateaux. Ensuite, les maisons alignées du quai
de Paris, les toits de la vieille ville, de laquelle émerge la
Cathédrale avec ses tours de dentelles et sa flèche imposante ;
les autres tours ou clochers de nos autres églises gothiques :
Saint-Maclou, Saint-Ouen, Saint-Godard, etc. ; enfin, comme
fond au tableau, les coteaux boisés ou couverts d'habitations
de Mont-aux-Malades, Mont-Saint-Aignan, Boisguillaume et
Bihorel.

A droite : le vieux « pont de pierre », maintenant appelé
pont Corneille, avec la statue du grand homme, et les
bouquets d'arbres qui l'encadrent si heureusement ; l'île
Lacroix, le quai d'Elbeuf et le bras de Seine passant entre
eux, lui aussi encombré d'innombrables bateaux attendant
leur tour de charge ; les vieux ormes du Cours-la-Reine, et,
plus loin, les maisons de l'autre partie du quai de Paris,
l'avenue et l'église Saint-Paul, les falaises rocheuses de
Sainte-Catherine, si jolies au soleil couchant ; plus loin
encore, se perdant dans l'infini, vers l'Est, les ondulations

des collines de Bonsecours, Mesnil-Esnard, Belbeuf, Saint-Adrien, Les Authieux, avec la Seine coulant à leur pied.

A gauche: le boulevard d'Orléans, les constructions neuves de la place Carnot (car la gare d'Orléans disparaîtrait, ce qui permettrait sans doute de donner à cette place une forme moins bizarre), le pont Boieldieu, les docks-entrepôts, le pont transbordeur et encore le fleuve, mais cette fois *Seine maritime* avec ses navires de tous tonnages et de toutes nationalités, avec son activité sans cesse croissante ; nos quais de la rive droite, le Théâtre-des-Arts, le Palais des Consuls, l'Hôtel de la Douane, la tour et l'église Saint-Vincent et la Ville moderne, le tout limité par les coteaux de Saint-Gervais, du Mont-Riboudet et de Canteleu.

Quelle différence entre ce spectacle et celui donné au voyageur arrivant à Rouen par le « trou » de la rue Verte !

Quelle différence aussi pour les Rouennais ! (par Rouennais, nous entendons, naturellement, aussi bien ceux qui habitent sur la rive gauche, jusqu'aux limites de la cité vers Petit-Quevilly ou vers Sotteville, que sur la rive droite ; aussi bien dans le faubourg Martainville que dans l'île Lacroix). Pour la grande majorité d'entre eux, les distances, pour se rendre à « la gare », seraient raccourcies, et la plupart n'auraient plus qu'à descendre, au lieu que nombreux sont ceux qui, actuellement, doivent monter et parcourir des kilomètres « pour aller prendre le train ».

La construction, sur l'emplacement que nous venons d'indiquer, d'une grande gare centrale, à laquelle aboutiraient toutes les voies ferrées venant à Rouen, permettrait de supprimer la gare d'Orléans et de donner à la place Carnot une forme plus régulière, en même temps que de faire disparaître les étranges plantations et plus étranges encore « bassins à poissons » qui l'ornent si malheureusement.

La nouvelle gare supprimerait en même temps l'amas de vieilles et insalubres maisons qui se trouvent au sud de la place Carnot et à l'entrée même du quartier Saint-Sever.

Est-il besoin d'ajouter que la disparition de la gare d'Orléans, en même temps qu'elle rendrait à ce quartier une partie des avantages de sa situation en bordure de la Seine, contribuerait, par la revente des terrains qui, ainsi, seraient rendus disponibles, à diminuer la dépense de construction de la gare centrale.

La revente de ces terrains serait d'autant plus facile et avantageuse qu'ils sont situés à proximité de nos quais et qu'ils pourraient être facilement raccordés à la voie ferrée, d'où possibilité de les utiliser pour la construction de magasins et entrepôts, qui deviendront d'autant plus nécessaires que le port de Rouen se développe chaque jour davantage.

La gare à marchandises qui se trouve entre les rues Amiral-Cécille et Jean-Rondeaux serait transportée *à l'Ouest* de celle-ci ; cela serait d'autant plus naturel que c'est du côté de l'Ouest que la Ville s'étend, et qu'en cet endroit la dite gare à marchandises serait plus rapprochée du Transbordeur, qui la mettrait en communication directe avec la rive droite.

L'expropriation des pâtés de maisons entre le quai Saint-Sever et la rue Lemire coûterait probablement moins que certains ne pensent, étant donné que, paraît-il, il est déjà question de déplacer l'usine d'électricité de la Compagnie des tramways, laquelle serait le plus gros morceau de l'expropriation. Nous ne doutons pas que les hommes éminents qui sont à la tête de cette Compagnie ne donnent leur appui au projet.

De toute façon, on ne pourra rien faire sans dépenser des millions, mais des millions certainement mieux employés que ceux que coûtera la réfection de la gare de la rue Verte.

En supposant que l'on dépense 15 à 20 millions pour la

construction à Rouen d'une **gare centrale** — *dont il faudra un jour ou l'autre doter la capitale de la Normandie* — ce serait une dépense certainement plus utile que d'autres auxquelles on a consacré davantage encore de millions sans grand profit pour l'intérêt général.

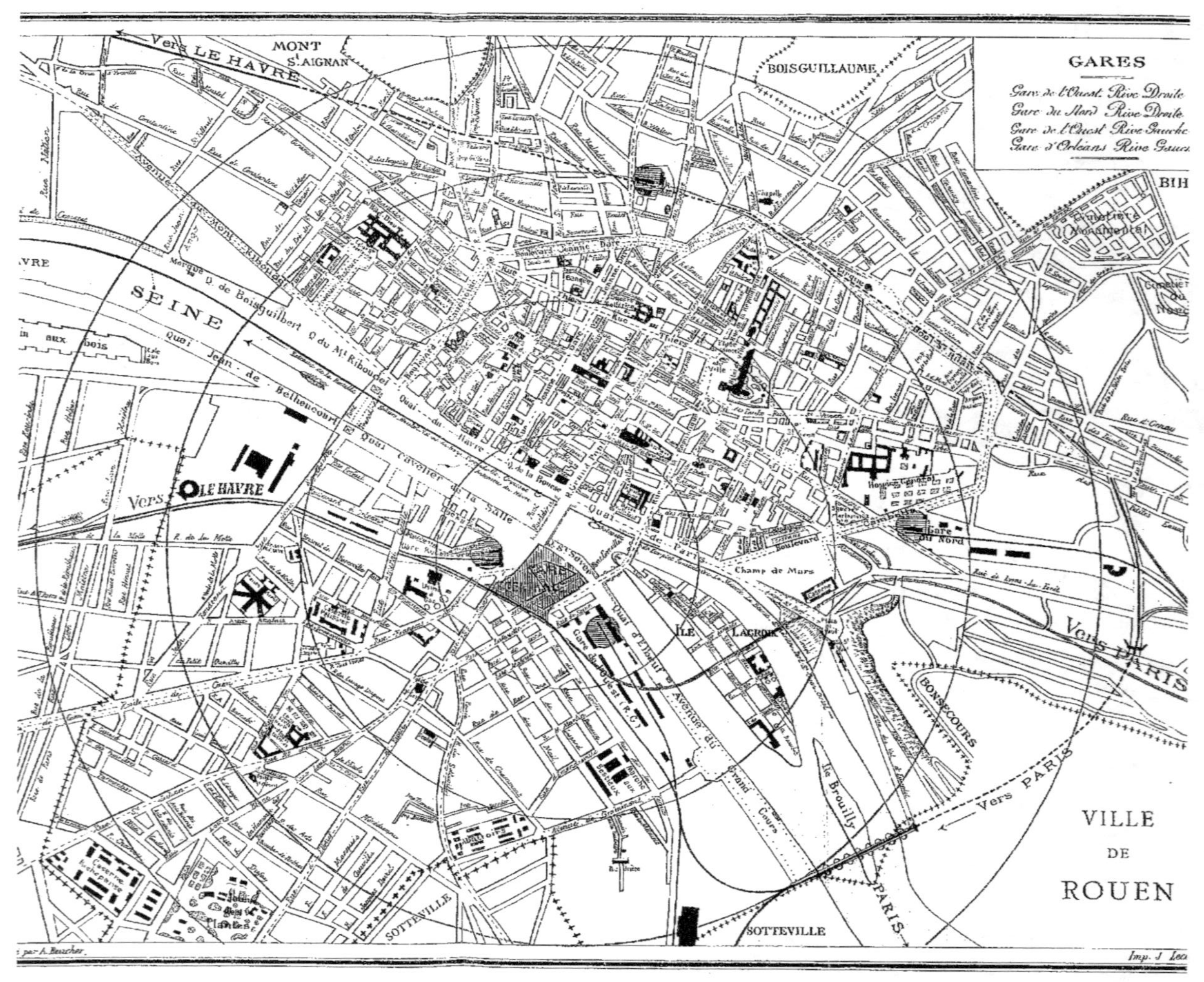

VILLE DE ROUEN
GARES
Gare de l'Ouest Rive Droite
Gare du Nord Rive Droite
Gare de l'Ouest Rive Gauche
Gare d'Orléans Rive Gauche
MONT S.T AIGNAN
Vers LE HAVRE
BOISGUILLAUME
SEINE
O LE HAVRE
Vers
Champ de Mars
Gare du Nord
ÎLE LACROIX
Île Brouilly
BONSECOURS
Vers PARIS
SOTTEVILLE
PARIS
Imp. J. Leo

CONCLUSION

CONCLUSION

Si les idées que nous avons émises dans cette brochure et le tracé que nous suggérons pour la *nouvelle voie ferrée du Havre à Paris*, en passant par Rouen, ainsi que notre prétention qu'une *gare centrale* est nécessaire à Rouen, sont approuvés par ceux que la question intéresse, c'est à eux, maintenant, ou à leurs représentants qualifiés, de les défendre.

C'est surtout aux Journaux, représentants de l'opinion publique, s'ils trouvent nos idées justes, de les appuyer et de les faire aboutir ; notre rôle est terminé et le leur commence.

Nous nous permettons de compter sur la Presse rouennaise et havraise, sans distinction d'opinion — la politique n'ayant, du reste, rien à faire en la circonstance — pour travailler d'un commun accord au maintien des bonnes relations entre les deux grandes villes du département et les deux grands ports français.

Ils n'oublieront pas que Rouen et Le Havre forment *ensemble* l'entrepôt de Paris et du Centre de la France.

S'ils ont des intérêts distincts, ils n'en sont pas moins connexes ; aussi est-il de leur devoir de se soutenir pour leur commune prospérité.

Nous n'avons pas la prétention de suggérer quelque chose qui soit parfait, mais perfectible ; d'autres émettront probablement des idées bonnes à prendre.

La seule chose que nous considérons comme indiscutable, c'est que, *dans l'intérêt général*, il est nécessaire que la nouvelle voie projetée du Havre à Paris *passe par Rouen*.

Puissions-nous avoir réussi à le démontrer?

X. X.

Industriel rouennais.

PIÈCES ANNEXES

Annexe n° 1

Délibération de la Commission interdépartementale
des Conseils généraux
de la Seine-Inférieure, de l'Eure et du Calvados.

(Extrait du *Journal de Rouen* du 31 juillet 1910.)

A la suite de la réunion publique tenue le 29 juillet 1910,
à la Préfecture, la Commission interdépartementale d'étude
de la ligne du Sud-Ouest s'est réunie en Comité secret pour
prendre une résolution résumant la discussion qui venait
d'avoir lieu.

Voici cette résolution :

La Commission interdépartementale a décidé de proposer
au vote des trois Conseils généraux le projet de délibération
suivant :

Le Conseil général,

Considérant que, seule de toutes les lignes prévues aux
conventions de 1883, la ligne du Havre à Glos-Montfort par
Pont-Audemer n'est pas encore construite ;
Que le rachat du réseau de l'Ouest par l'Etat ne saurait
libérer celui-ci des engagements pris par l'ancienne Compagnie ;
Que les Pouvoirs publics prétendent, depuis un grand
nombre d'années, se livrer à des études interminables, et que
les populations s'irritent de ces procédés dilatoires, et n'y
voient qu'un prétexte pour échapper à l'exécution d'obligations
formelles ;

Que la seule ligne reliant Le Havre à Paris et à la rive gauche de la Seine s'est vue récemment menacée par des éboulements et des affaissements qui inspirent les craintes les plus sérieuses pour l'avenir ;

Que l'interruption des communications régulières entre le grand port du Havre et le reste de la France, notamment Paris et la région située au Sud-Ouest de l'estuaire de la Seine, serait un malheur national,

Insiste de la façon la plus pressante pour que le Gouvernement arrête, sans retard, le projet définitif reliant le port et l'arrondissement du Havre à la rive gauche de la Seine, par Quillebeuf et Pont-Audemer, et en poursuive, avec la plus grande rapidité, la déclaration d'utilité publique et la construction.

On remarquera que cette résolution ne fait pas état des réserves des représentants du port de Rouen contre l'établissement d'un viaduc avec piles dans le lit du fleuve — réserves qui étaient formulées dans la proposition soumise en réunion publique par M. Milliard — ce qui a fait regretter, une fois de plus, l'absence de tout représentant du port de Rouen dans cette Commission interdépartementale.

Aussi bien le Conseil général de la Seine-Inférieure, qui s'est déjà prononcé catégoriquement sur cette question en 1901, ne saurait se déjuger.

Annexe n° 2

DÉLIBÉRATION DU CONSEIL GÉNÉRAL DE LA SEINE-INFÉRIEURE

(Extrait du *Journal de Rouen* du 3 octobre 1910.)

2ᵉ SESSION ORDINAIRE DE 1910.

Séance du samedi 1ᵉʳ octobre (séance de l'après-midi).

La Ligne du Sud-Ouest

A la session du mois de mai 1910, les Conseils généraux de la Seine-Inférieure, de l'Eure et du Calvados, ont nommé une Commission interdépartementale ayant pour mission d'étudier les moyens de faire reconnaître d'utilité publique la construction de la ligne de chemin de fer du Havre à Glos-Monfort par Pont-Audemer, avec embranchement sur Caudebec, et de faire toutes démarches utiles pour obtenir des Pouvoirs publics tous les renseignements nécessaires.

M. Acher, qui fait partie de cette Commission interdépartementale, met le Conseil général au courant des opérations de cette Commission spéciale.

Après délibération, le Conseil adopte, à l'unanimité, la délibération suivante :

Le Conseil général,

Considérant que, seule de toutes les lignes prévues aux conventions de 1883, la ligne du Havre à Glos-Montfort par Pont-Audemer n'est pas encore construite ;

Que le rachat du réseau de l'Ouest par l'Etat ne saurait

libérer celui-ci des engagements pris par l'ancienne Compagnie ;

Que les Pouvoirs publics prétendent, depuis un grand nombre d'années, se livrer à des études interminables, et que les populations s'irritent de ces procédés dilatoires, et n'y voient qu'un prétexte pour échapper à l'exécution d'obligations formelles ;

Que la seule ligne reliant Le Havre à Paris et la rive gauche de la Seine s'est vue récemment menacée par des éboulements et des affaissements qui inspirent les craintes les plus sérieuses pour l'avenir ;

Que l'interruption des communications régulières entre le grand port du Havre et le reste de la France, notamment Paris et la région située au Sud-Ouest de l'estuaire de la Seine, serait un malheur national.

Insiste de la façon la plus pressante pour que le Gouvernement arrête, sans retard, le projet définitif reliant le port et l'arrondissement du Havre à la rive gauche de la Seine, par Quillebeuf et Pont-Audemer, *étant bien entendu que le mode de traversée de la Seine qui sera choisi soit établi de façon qu'il ne puisse en aucun cas, dans le présent comme dans l'avenir, entraver d'une manière quelconque sa navigation,* et en poursuive, avec la plus grande rapidité, la déclaration d'utilité publique et l'exécution.

Le Conseil général renouvelle le mandat des membres de la Commission interdépartementale et lui donne mission de faire toutes démarches utiles auprès des Pouvoirs publics pour appuyer la présente délibération.

Annexe n° 3

DÉLIBÉRATION DU CONSEIL GÉNÉRAL DE L'EURE

(Extrait du journal *Le Courrier de l'Eure*
du 25 août 1910.)

Séance du mardi 23 août 1910.

M. Join-Lambert a rendu compte des travaux de la Commission interdépartementale, nommée par les départements de la Seine-Inférieure, de l'Eure et du Calvados, pour la construction de la ligne du chemin de fer dite du « Sud-Ouest ».

La Commission a décidé à l'unanimité, moins MM. Mattard et Caillot, qui ont fait certaines réserves, de proposer aux trois Conseils généraux un projet de délibération insistant de la façon la plus pressante pour que le Gouvernement arrête sans retard le projet définitif reliant le port et l'arrondissement du Havre à la rive gauche de la Seine, par Quillebeuf et Pont-Audemer, et en poursuive avec la plus grande rapidité la déclaration d'utilité publique et l'exécution.

En outre, la Commission a désigné comme rapporteurs devant les Conseils généraux de la Seine-Inférieure, de l'Eure et du Calvados, MM. Join-Lambert, Acher et Biré.

Le Conseil général de l'Eure a renouvelé le mandat de la Commission interdépartementale et lui a donné mission de faire toutes les démarches utiles auprès des Pouvoirs publics pour appuyer cette délibération.

A propos de ce rapport, M. Loriot a donné lecture de diverses communications relatives à la construction de cette ligne du Sud-Ouest et à l'étude des divers projets adressés au Préfet. Il a demandé que le Conseil général donne une injonction ferme à la Commission départementale en vue de la construction de la ligne Quillebeuf-Pont-Audemer et Glos-Montfort.

Après un échange d'observations entre MM. Mattard, Legendre, Caillot, Abel Lefèvre, les conclusions de la Commission ont été adoptées.

Annexe n° 4

DÉLIBÉRATION DU CONSEIL GÉNÉRAL DU CALVADOS

(Extrait du journal *Le Moniteur du Calvados, de la Manche et de l'Orne*
du 27 août 1910.)

Séance du 25 août 1910.

M. Biré présente un rapport très intéressant au nom de la Commission interdépartementale chargée d'étudier les moyens de faire déclarer d'utilité publique la construction de la ligne de chemin de fer du Havre à Glos-Monfort, par Pont-Audemer, et il fait adopter par le conseil le projet de délibération suivant :

Le Conseil général, considérant que, seule de toutes les lignes prévues aux conventions de 1883, la ligne du Havre à Glos-Monfort, par Pont-Audemer, n'est pas encore construite ; que le rachat du réseau Ouest par l'Etat ne saurait libérer celui-ci des engagements pris par l'ancienne Compagnie ; que les pouvoirs publics prétendent, depuis un grand nombre d'années, se livrer à des études interminables et que les populations s'irritent de ces procédés dilatoires et n'y voient qu'un prétexte pour échapper à l'exécution d'obligations formelles ; que la seule ligne reliant le Havre à Paris et la rive gauche de la Seine s'est vue récemment menacée par des éboulements et des affaissements qui inspirent les craintes les plus sérieuses pour l'avenir ; que les interruptions des communications régulières entre le grand port du Havre et le reste de la France, notamment Paris et la région située au Sud-Ouest de l'estuaire de la Seine, serait un malheur national, insiste de la façon la plus pressante pour que le Gouvernement arrête sans retard le projet définitif reliant le port et l'arrondissement du Havre à la rive gauche de la Seine par Quillebeuf et Pont-Audemer, et en poursuive, avec la plus grande rapidité, la déclaration d'utilité et l'exécution.

Le Conseil renouvelle le mandat des membres de la Commission interdépartementale et leur donne mission de faire toutes les démarches utiles auprès des pouvoirs publics pour appuyer la présente délibération, substituant au nom de M. Blanchet celui de M. Baudry, nouveau Conseiller général du canton de Honfleur.

Annexe n° 5

Lettre du Ministre des Travaux publics
à M. Paul Bignon, Député,
Président de la Commission interdépartementale
des Conseils généraux
de la Seine-Inférieure, de l'Eure et du Calvados.

<table>
<tr><td>Cabinet du Ministre
des
TRAVAUX PUBLICS
DES POSTES
ET DES TÉLÉGRAPHES</td><td>RÉPUBLIQUE FRANÇAISE

Paris, le 1er août 1910.</td></tr>
</table>

Monsieur le Député et cher Collègue,

Vous avez bien voulu me faire savoir que les délégués des Conseils généraux de la Seine-Inférieure, de l'Eure et du Calvados, se sont réunis sous votre présidence à la Chambre des Députés, à l'effet de délibérer sur la question de l'établissement du chemin de fer projeté du Havre à Pont-Audemer. Vous avez, d'autre part, exprimé le désir d'être renseigné sur l'état actuel de cette question.

J'ai l'honneur de vous informer que l'Administration des chemins de fer de l'Etat a entrepris des études sur carte qui ont fait reconnaître la possibilité de plusieurs tracés avec traversée de la Seine à grande hauteur sur viaduc fixe. Ces tracés paraissent de nature à permettre de réaliser une certaine économie sur les solutions précédemment envisagées et comportant la traversée vers Quillebeuf, soit en souterrain, soit à grande hauteur sur viaduc fixe.

Mais une proposition comprise, suivant les cas, entre la moitié et les trois quarts de la dépense totale du projet, revient à la traversée de la Seine. En outre, ce sont les dépenses relatives à cette traversée dont l'évaluation comporte le plus d'aléas. Il convient donc de fixer cette évaluation le plus exactement possible et d'avoir des renseignements précis sur les difficultés que pourront présenter les travaux de fondation des ouvrages à la traversée de la Seine.

A cet effet, l'Administration des chemins de fer de l'Etat a conclu un marché en vue de l'exécution d'un certain nombre de sondages à grande profondeur, répartis entre Aizier et La Bouille. Ces sondages vont être commencés incessamment, et leur exécution exigera environ trois mois. Dans ces conditions, ce n'est guère qu'à la fin de l'année 1910 qu'il sera possible d'examiner les résultats des études comparatives entreprises, d'évaluer le coût des différentes solutions proposées — qui comprennent d'ailleurs la création d'un pont transbordeur et l'organisation d'un service de ferry-boats, — et de formuler des conclusions sur le choix de celle qui paraîtrait devoir être adoptée.

Je ne manquerai pas de vous tenir au courant de la question.

Agréez, Monsieur le Député et cher Collègue, etc., etc.

Le Ministre des Travaux publics, des Postes et Télégraphes,

Signé : MILLERAND.

Annexe n° 6

Lettre adressée au *Journal de Rouen*.

La ligne de Caudebec-Lillebonne.

Caudebec-en-Caux, 3 août 1910.

Monsieur,

Je vois dans votre journal de ce matin que cette question de la ligne de Caudebec-Lillebonne est venue sur le tapis au Conseil d'arrondissement de Rouen.

La réponse de l'Administration a été toujours la même avec laquelle on nous berne depuis tant d'années : « Cette ligne est subordonnée au tracé de la ligne du Sud-Ouest. »

C'est là une mauvaise défaite ; c'est curieux comme on se contente de mots !

Mais il n'y a qu'à venir sur le terrain, ou tout simplement à jeter les yeux sur une carte ; il n'y a *qu'un seul tracé possible*, parallèlement à la route de Lillebonne à Villequier, desservant les communes de Petiville, Saint-Maurice, Norville, en dessus, ou préférablement en dessous de cette route. En quelque endroit que soit ultérieurement décidée la traversée de la Seine, on la branchera où on voudra.

La vraie vérité, je vais vous la dire : c'est que cette ligne, peu coûteuse jusqu'à Villequier, le devient entre Villequier et Caudebec, où elle nécessite : 1º une digue, et 2º deux tunnels pour entrer dans la vallée de Caudebec et en sortir. Voilà pourquoi la Compagnie de l'Ouest a toujours cherché des prétextes pour l'ajourner, et son meilleur était celui qu'a recueilli précieusement l'Etat, et qu'on vient de nous resservir. L'Ouest avait au moins l'excuse d'avoir à se préoccuper des intérêts de ses actionnaires ; l'Etat ne l'a plus, n'est-ce pas ?

Bien sincères salutations.

G. Durand-Vel.

Annexe n° 7

Lettre au *Journal de Rouen* d'un Industriel en relations
quotidiennes avec le Havre (n° du 12 août 1910).

Du Havre à Rouen et Paris.
Le moyen d'assurer les communications.

A la suite de la trombe d'eau qui a coupé la ligne de Rouen
au Havre et interrompu le service du chemin de fer pendant
plusieurs jours, je prends la liberté de vous communiquer les
réflexions suivantes.

Une catastrophe de même nature peut survenir à nouveau,
telle que l'éboulement d'un tunnel ou d'un viaduc, ou toute
autre chose imprévue.

Si ceci arrivait au moment des grands arrivages, le port du
Havre, qui est déjà encombré, n'aurait pour ainsi dire plus de
débouchés, et je renonce à décrire le trouble général qui se
produirait.

On s'occupe journellement de petites lignes d'intérêt local,
telles que celles de Caudebec à Veulettes et d'autres qui ne font
pas leurs frais.

On s'occupe beaucoup de la ligne du Sud-Ouest, qui déchar-
gerait dans une certaine mesure la ligne actuelle, et dont je ne
nie pas l'utilité.

Mais je ne crois pas que cette ligne empêche les trois quarts
des marchandises de passer par la ligne actuelle et par Rouen.

En tous cas, je doute fort que la question du tunnel sous la
Seine ou du viaduc soit élucidée avant de nombreuses années.

Il me semble donc que le projet Millerand, d'une deuxième

ligne du Havre à Rouen, est très acceptable et permettra d'attendre que les ingénieurs se soient mis d'accord.

Cette ligne devrait partir des bassins de l'Eure, passer le long du canal de Tancarville, traverser Lillebonne, Caudebec, Duclair, Saint-Martin-de-Boscherville, et rejoindre au Mont-Riboudet la gare que l'on doit faire pour la ligne de Clères.

De cette façon, la gare maritime du Havre desservirait facilement le port, les Magasins généraux et autres. Elle aurait son débouché tout naturel sur cette nouvelle ligne.

Cette ligne est utile, non seulement en cas de catastrophe, mais elle est indispensable si l'on veut développer le port du Havre.

La ligne actuelle est surchargée de trains et sa position au Havre ne lui permet pas de desservir le port, les Magasins généraux et autres.

C'est à tel point qu'au Havre tous les transports ou à peu près se font par camionnages.

Il existe dans les magasins des voies ferrées; mais on ne s'en sert pas, et il est rare qu'un wagon s'y égare.

Si le port du Havre veut croître et prospérer, il faut qu'on y fasse de grands changements.

Il ne suffit pas de pouvoir faire venir au Havre de grands navires et beaucoup de marchandises, il faut pouvoir faire évacuer ces marchandises.

On devrait donc pouvoir les charger mécaniquement sur wagons et pouvoir envoyer rapidement ces wagons vers la gare maritime.

Or, je puis affirmer que le raccordement actuel entre Graville, le port et la gare maritime, est plus qu'insuffisant, et que les wagons qui circulent dans le port sont traînés par des chevaux.

Il est donc utile que la gare maritime puisse desservir les magasins et le port par une ligne nouvelle, au lieu d'envoyer ces wagons entre Graville et Le Havre.

Les industriels ne se doutent pas de la manutention actuelle des marchandises.

Pour ma part, je ne connais que celle du coton, et je vais la décrire ; il est probable que la laine et bien d'autres marchandises sont dans le même cas.

Les balles de coton sont déchargées du navire : elles sont pesées et échantillonnées.

Ceci se fait en plein air pour le moment; mais, dans quelques mois, ces opérations se feront sous de magnifiques hangars, que l'on vient d'édifier.

Une partie de ces balles est livrable de suite : ce sont celles achetées en débarquement ou en mer ou en Amérique.

Or, dans l'état actuel des choses, ces balles ne peuvent pas être mises sur wagon.

Elles seront donc camionnées jusqu'à la gare et elles seront empilées (lorsqu'il y a de la place) sous le hangar que vous voyez à gauche en arrivant au Havre.

Là, elles attendront leur tour pour partir.

Les employés examineront pour chaque lot le délai de livraison et feront partir ces lots de manière à ne pas excéder le délai.

Lorsque le coton n'est pas vendu ou qu'il n'est pas livrable de suite, il est camionné dans les Magasins généraux ou autres.

Le jour où ce coton est vendu, on le remet sur camions et on le transporte à la gare du Havre.

Il existe bien des rails de chemin de fer dans les Magasins, mais on s'en sert bien rarement.

Car il n'y a dans ces magasins aucun outillage pour charger sur wagons.

Pour monter une balle de 230 kil., il faut cinq hommes en bas du wagon et trois hommes dans le wagon pour la recevoir.

Ainsi donc au Havre tout se fait par camionnage, et ce camionnage coûte à la filature de coton (pour ne m'occuper que de celle-ci) d'assez grosses sommes, sans compter l'inconvénient de laisser les balles exposées à la pluie.

Le coût de ce camionnage est d'environ 50,000 fr. par an, que j'établis de la manière suivante :

Mille balles par jour font 230,000 kil.

Par camionnage, elles coûtent à porter à la gare 1 fr. 75 les mille kilos ; par chemin de fer, elles coûtent 1 franc.

C'est donc 230,000 kil. $\times$ 0 fr. 75 : ce qui fait 172 francs par jour, soit 50,000 francs par an.

Je compte sur le prix actuel de traction de 1 franc : mais il me semble que si, dans les nouveaux hangars, on peut charger et évacuer mécaniquement les wagons, le prix de 2 francs devrait être encore diminué.

La gare maritime actuelle est bien placée pour desservir le port et les divers magasins. Il ne lui manque qu'un débouché, et ce débouché, elle l'aurait par une ligne nouvelle qui se développerait autant que la ligne par Yvetot.

C'est la ligne la plus courte de Rouen au Havre.

Cette ligne traverserait Caudebec, qui fut autrefois une ville importante et qui reprendrait sa prospérité.

Duclair se développerait également.

Quant à Saint-Martin, c'est un endroit ravissant qui, par chemin de fer, ne serait plus qu'à dix minutes de Rouen. Si le chemin de fer y parvenait, je veux que Saint-Martin se couvre de villas.

Si vous voulez vous en convaincre, prenez un train et allez jusqu'à Hénouville, à un endroit appelé Bellevue. Vous y découvrez Saint-Martin, Duclair, et une immense étendue de terrain.

Je ne connais pas de vue plus belle ni un pays plus beau.

L. P.

Annexe n° 8

Journal de Rouen du mercredi 24 août 1910.

La Ligne du Sud-Ouest.

Monsieur le Directeur du *Journal de Rouen*,

Comment la ligne du Sud-Ouest traversera-t-elle la Seine ? Ce point d'interrogation posé dans le *Journal de Rouen* (n° du 18 août) nous ramène à une trentaine d'années en arrière et montre bien, hélas ! que, depuis la mise à l'étude du projet primitif, la question n'a pas fait un pas vers sa solution définitive.

Tunnel, viaduc, bac porte-train, pont transbordeur : « le pro- » jet le plus sérieux, celui qui a toujours eu l'approbation et » reste le projet préféré des Rouennais, est évidemment le pas- » sage par tunnel sous-fluvial ».

Théoriquement, tout le monde est d'accord pour admettre que ce serait là le projet idéal, et que le moyen le plus simple — quel que soit d'ailleurs le système adopté — celui dont la réalisation pourrait être la plus prompte, serait de prolonger vers la Seine la ligne qui part de Bréauté-Beuzeville et a son point terminus à Lillebonne.

La distance de Lillebonne à la Seine est en chiffres ronds de 5 kilomètres : tout cet espace comprend les *marais* constitués par des terrains d'alluvions formés de sables argilo-calcaires verdâtres ou bleuâtres, supportés par une autre couche de sable et de silex roulés. L'épaisseur de cette masse est, à Lillebonne même (à 3 ou 400 mètres du lieu dit le Petit-Navarin, vers Quillebeuf), d'environ 20 mètres ; au Mesnil, à un kilomètre de

Lillebonne, elle est de 25 mètres ; à Port-Jérôme, elle atteint bien près de 27 mètres (1).

Il faut donc, pour pénétrer dans la craie cénomanienne qui constitue le massif de roche sous-jacent, s'enfoncer dès la sortie de Lillebonne à une profondeur de 20 mètres, et atteindre 30 mètres environ à Port-Jérôme.

Sans être technicien, quiconque connaît la *tangue* dont sont constitués nos marais, peut affirmer qu'il est impossible d'exécuter normalement aucun travail d'art à même cette masse essentiellement friable, dépourvue de toute cohésion, toujours plus ou moins imprégnée d'eau. Conséquemment, il faudrait percer, dans le massif crétacé, un tunnel long de 6 à 8 kilomètres qui, dès la sortie de Lillebonne, atteindrait déjà une profondeur de 25 mètres et passerait sous la Seine à Quillebeuf à 30 ou 35 mètres au-dessous au niveau du sol.

Cet exposé est basé sur des données géologiques précises, et que le tunnel parte de Tancarville, de Caudebec ou de Lillebonne, les mêmes difficultés seront toujours à vaincre.

Il faut donc en conclure qu'il y a une véritable utopie à soutenir que « le projet le plus sérieux est le passage par tunnel sous-fluvial ».

Quel serait donc le projet — pratiquement réalisable — qui aurait le plus de chance de réunir tous les suffrages ?

Rouen, à aucun prix, ne veut de viaduc ; il n'y a donc pas à insister ; d'autre part, à cause de l'énorme dénivellation d'eau produite par les marées, l'utilisation d'un bac n'est pas possible.

Reste donc le passage par transbordeur. Rouen n'envisage pas encore le transbordeur d'un œil très favorable, parce qu'il aurait l'inconvénient « d'être aperçu de loin en mer et de » constituer, en cas de guerre, un danger pour la navigation » du fleuve ». La tour Eiffel n'a-t-elle point été accusée, elle aussi, de pouvoir servir de cible pour bombarder Paris !...

---

(1) Voir à ce sujet dans le bulletin de la *Société des amis des Sciences naturelles de Rouen*, année 1905, une excellente étude par Apel, sur les *Profils géologiques intéressant la région entre Lillebonne et Quillebeuf*.

Conclusion : le système par transbordeur n'est peut-être pas parfait ; mais puisqu'il serait — affirment les ingénieurs — suffisant pour le transit, qu'il serait de beaucoup le moins coûteux, souhaitons de voir bientôt Rouen et Le Havre s'entendre, les Commissions départementale et interdépartementale appuyer définitivement ce projet près des pouvoirs publics.

Alors, seulement, nous approcherons des réalisations pratiques ; mais, en attendant, on continuera à établir des projets, à dresser des plans..., à écrire des articles dans les journaux, et nous autres, riverains de la Seine, nous attendrons longtemps encore notre ligne du Sud-Ouest.

Veuillez agréer, etc.

UN LILLEBONNAIS.

Annexe n° 9

Lettre au *Journal de Rouen* (n° du 14 août 1910).

Ligne du Sud-Ouest et ligne du Nord-Est.

L'interception de la circulation pendant plusieurs jours sur la ligne de Rouen au Havre par suite des éboulements de Pissy-Pôville a donné à la question du doublement de la ligne Paris-Rouen-Le Havre une actualité très justifiée. On se rend compte en effet de la perturbation considérable et des immenses dommages qui résulteraient pour l'industrie et le commerce de l'interception prolongée de cette ligne, aussi chacun s'efforce de chercher le remède à la situation actuelle, qui est particulièrement dangereuse.

La ligne du Sud-Ouest est indiquée comme une des solutions du problème ; mais, malgré toute l'activité qu'on y apportera, il s'écoulera un long temps avant sa réalisation.

Dans le *Journal de Rouen* du 12 août, un industriel, M. L. P., préconise la création d'une seconde ligne du Havre à Rouen par Tancarville, Lillebonne, Caudebec, Duclair et Saint-Martin. Ce second projet, très séduisant et d'une réalisation plus facile que le tunnel ou le viaduc pour la traversée de la Seine par la ligne du Sud-Ouest, présente encore le grave inconvénient de n'être qu'un desideratum.

Il y aurait une solution beaucoup plus simple et dont la réalisation pourrait se faire très rapidement. C'est celle dont le *Journal de Rouen* a parlé dans son numéro du 13 août.

La Chambre de Commerce du Havre a fait étudier un projet de remaniement de la ligne de Motteville à Clères avec raccordement direct à la ligne du Nord par Bosc-le-Hard. Si ce projet était adopté, le doublement de la ligne du Havre à Paris serait presque réalisé, parce que les trains du Havre sur Paris et vice-versa pourraient circuler sans aucune difficulté par Motteville, Clères, Buchy, Serqueux, Gisors, Pontoise et Paris.

Cette ligne, qui ne concurrencerait en aucune façon la ligne du Sud-Ouest, pourrait être dénommée la ligne du Nord-Est; elle serait pour ainsi dire une troisième ligne reliant Le Havre à Paris et assurerait dans de meilleures conditions qu'actuellement le trafic de la région du Nord avec Le Havre.

Il ne faut pas oublier, en effet, que si les voyageurs transitent par la ligne de Clères à Motteville pour se rendre de la région du Nord au Havre, les marchandises ne peuvent pas emprunter cette ligne, dont le profil et les courbes sont trop accentués, et que les trains de marchandises du Havre à Serqueux transitent par Malaunay et Clères.

Pendant la dernière interception de la ligne, le trafic des marchandises du Havre sur le Nord a été suspendu comme le trafic du Havre sur Paris.

Il est donc nécessaire de remanier la ligne de Motteville à Clères, d'en rectifier les courbes et le profil, de la mettre à double voie et d'en faire une ligne de grand transit.

Etant donné que la ligne de Dieppe à Paris sera bientôt mise à double voie (on parle d'un délai de 2 ans pour que cette amélioration soit réalisée entre Serqueux et Gisors), les trains pourraient circuler sans rebroussement et à grande vitesse sur une ligne entièrement à double voie du Havre à Paris.

L'avantage de ce projet, c'est qu'il est étudié, qu'il est pour ainsi dire à point, et que sa réalisation peut être exécutée dans un délai très réduit, puisqu'il ne s'agit que d'améliorer la situation existante.

L'allongement de parcours qui résulterait de l'adoption éventuelle de l'itinéraire détourné est tout à fait insignifiant; en effet, la distance de Paris au Havre par Rouen est de 228 kil.; elle est de 287 kil. par Pontoise-Gisors-Serqueux-Buchy-Clères-Motteville.

V. V

Annexe n° **10**

Lettre au *Journal de Rouen*.

Du Havre à Rouen.

16 août 1910.

Monsieur le Directeur,

Inutile de vous dire qu'une ligne de chemin de fer du Havre à Caudebec et à Rouen intéresse très vivement Caudebec, qui a tout intérêt à être relié directement au Havre et à Rouen.

Je dis directement de Rouen, car de Caudebec-en-Caux à Rouen (barrière du Havre), il y a 32 kilomètres, et les détours de la ligne de Barentin font qu'il y a 46 kilomètres de voies ferrées pour aller à Rouen.

La solution me semble facile :

Faire le tronçon Lillebonne-Caudebec (16 kilomètres) et Duclair-Rouen par Saint-Martin-de-Boscherville (20 kilomètres environ) et rejoindre au Mont-Riboudet la future gare de Clères.

Cela ferait une deuxième ligne du Havre à Rouen, permettant par Bréauté-Beuzeville, Gruchet-le-Valasse, Lillebonne et Caudebec, d'éviter les tunnels de Malaunay et le viaduc de Barentin et pouvant à l'occasion suppléer complètement au service de Bréauté-Beuzeville à Rouen.

Incontestablement, les grands express et rapides ne pourraient y aller à leur vitesse normale, mais, somme toute, le trafic ne serait pas arrêté. C'est uniquement ce que l'on désire : aller au plus pressé et au plus *urgent*.

Agréez, etc.

Albert MANTEL.

Annexe n° 11

Seconde lettre au *Journal de Rouen* du même. Industriel
(n° du 27 décembre 1910.)

La Crise des transports.

Monsieur le Directeur du *Journal de Rouen*,

Dans un article que vous avez publié au mois d'août dernier, j'ai essayé de démontrer la nécessité d'une deuxième ligne du Havre à Rouen par Caudebec.

J'ai insisté sur l'emplacement défectueux de la gare actuelle de marchandises pour desservir le port du Havre et montré que la mauvaise position de cette gare augmentait la main-d'œuvre et obligeait de transporter toutes les marchandises par camionnages.

Depuis lors, la crise des transports est survenue, et il est inutile que j'en fasse la description. Je dirai seulement que cette crise, qui revient périodiquement tous les ans avec les betteraves, les pommes, le coton, ne fera qu'augmenter si on ne prend des mesures en conséquence. Chacun a pris l'habitude d'user du chemin de fer, et les cultivateurs qui s'en servaient peu autrefois le font maintenant largement. Aussi, je viens dire à nouveau : une seconde ligne du Havre à Rouen est indispensable.

Parmi nos voies ferrées, il y en a de deux sortes. Il y a les lignes que j'appellerai les grandes artères, et il y a les petites lignes qui alimentent ces artères. Presque tout ce qui vient des petites lignes doit passer par la grande. Les petites lignes sont comme les affluents d'un fleuve.

Or, il n'y a nul doute que l'artère du Havre à Rouen est devenue insuffisante. Il passe à Barentin entre 80 et 100 trains

par jour. A Malaunay, le nombre en est encore plus grand. On
ne peut multiplier indéfiniment le nombre des trains. Tous ne
vont pas à la même vitesse : il y a les rapides, les omnibus et
les trains de marchandises. Les ingénieurs établissent des gra-
phiques qui sont parfaits sur le papier : mais, s'il survient la
moindre anicroche, il se produit des retards, que nous connais-
sons trop, hélas !

J'ajouterai qu'une ligne aussi encombrée que celle du Havre
à Rouen devient dangereuse, et c'est miracle que des trains de
voyageurs n'aillent pas plus souvent heurter des trains de marchandises pendant qu'ils manœuvrent ou qu'ils se garent pour
laisser passer les trains de voyageurs.

Les Havrais ne voient comme salut que la ligne du Sud-Ouest.
Mais, en mettant les choses au mieux, sera-t-elle faite dans vingt
ou trente ans ?

La récente réponse du Ministre à M. Bignon est un atermoie-
ment. Il faut assurément y regarder en deux fois pour dépenser
70 à 80 millions pour un seul ouvrage d'art et examiner si cet
argent ne serait pas mieux employé autrement. Et cette ligne
du Sud-Ouest suffirait-elle à déblayer la ligne du Havre à
Rouen ?

A mon avis, la ligne du Havre à Rouen par Caudebec s'impose, et il ne s'agit pas, dans mon esprit, d'une ligne à voie
unique, mais il s'agit d'une grande ligne à double voie. La gare
maritime du Havre s'y déversera tout naturellement, et le point
terminus doit être situé auprès de cette gare, dans la direction
de Tancarville. Cette ligne doit arriver à Rouen, vers Bapeaume
et le Mont-Riboudet.

Il me semble aussi qu'une gare de marchandises dans ces
deux endroits est tout indiquée. Est-il, en effet, possible d'ima-
giner une vallée plus industrielle et plus mal desservie que la
vallée de Bapeaume, Déville et Maromme ? Est-ce le chemin de
fer à voie étroite en projet qui améliorera beaucoup la situation ?

Je crois que les études doivent être faites dans le sens que
j'indique, et je crois qu'on doit même envisager une seconde
traversée de Rouen, soit par les quais en sous-sol, soit autrement.

La traversée de Rouen par deux voies à la rue Verte est insuffisante.

En attendant, nous souffrons tous de la crise actuelle. Le charbon et les matières premières n'arrivent plus aux usines. Nous sommes en état d'infériorité avec les Anglais, avec lesquels notre industrie essaie de lutter. Je n'apprendrai pas à beaucoup de vos lecteurs qu'entre Londres et Manchester il existe trois grandes lignes passant par des villes différentes, et que sur ces lignes il y a quatre voies : deux pour les voyageurs et deux pour les marchandises.

Noüs sommes loin d'une pareille profusion.

TABLE DES MATIÈRES

ROUEN. — IMPRIMERIE LECERF FILS.

ROUEN

IMPRIMERIE LECERF FILS

1911